めっちゃ使える！「設計目線で見る 部品加工の基礎知識」

形状、精度、コストのバランスが良い機械部品設計のために

山田 学 監修
Yamada Manabu
藤崎 淳子・今井 誠 著
Fujisaki Junko　Imai Makoto

わかりやすく
やさしく
やくにたつ

日刊工業新聞社

～絵に描いた餅を食える餅にする方法を知っておこう～

設計者のみなさんは、日々何のためにCADに向かってモデリングや製図をしているのでしょう。「業務だから」という答えはもちろんですが、焦点はそこではありません。みなさんが描かれる部品図面や3Dモデルは、最終的に現物の機械部品となって仕事をしてもらわなくてはいけません。ですから図面やモデルを作る上では「それが実現可能な部品形状であること」が大原則なのです。

みなさんは、自分が図面に描いた部品の形状が、どのような方法を経て現物になるのかを考えてみたことはあるでしょうか。どんなに手間をかけて図面を描いても、それが実現不可能な形状だったら、その図面は「絵に描いた餅」にしかならず、製図作業は徒労に終わってしまいます。この、「実現可能か不可能か」のジャッジをするのは、部品加工の現場です。

設計と加工現場の間で起きる「加工方法に苦悩する部品形状問題」は昔からありますが、近年その頻度が増えているように見受けられます。設計と製造の現場が切り離されて「設計は日本で行い、生産は海外で」といったグローバル生産体制や、「設計と組み立ては自社で行うが、部品加工は外注」というファブレスメーカーも増えました。それらの合理性は否定しませんが、その背景に潜んでいる「CADの操作には長けているのに、ろくに材料に触ったこともなく加工知識もない設計者が増えている状況」は好ましいことではありません。これが「加工現場泣かせの部品形状」を続々産んでしまう一つの要因であり、ただの絵描きなら許されることでも、設計者を名乗るからには、現場に丸投げでは済まされない事はいくつもあります。設計者だからとデスクで粛々とCADに向かうよりも先に、現場でリアルなモノづくりを学ぶことは本来必須で、設計者であればこそ、自分が描いた絵が現物になる方法にはどんなものがあるのかを知り、それぞれの加工法のメリットとデメリットをおおよそ掴んでおくべきでしょう。

まず、主な部品加工法の種類をまとめましたのでご覧ください（**表0-1**）。

表0-1 加工法の種類

加工法	種類		模式図
切削加工	・旋盤加工 ・フライス加工 ・ボール盤加工	・ブローチ盤加工 ・歯切盤加工	
研削加工	・平面研削 ・成型研削	・円筒研削 ・センターレス研削	
特殊加工	・放電加工	・レーザ加工	
塑性加工	・せん断（シャー） ・パンチ・プレス ・曲げ	・鍛造 ・絞り	
接合加工	・溶融接合 ・液相接合	・圧接	
成形加工	・鋳造 ・ダイカスト	・射出成形	
AM技術	・熱溶解積層法 ・光造形 ・材料噴射法 ・結合剤噴射法	・粉末床溶融結合法 ・指向性エネルギー体積法 ・シート積層法	

各社、製造業において欠かすことのできない3要素である、Q（Quality＝品質）、C（Cost＝費用）、D（Delivery=納期）を満足させることを目標に掲げるも、Q（品質）とD（納期）については比較的指標が明らかなのに対して、C（費用）については、その数字の根拠が曖昧なままの設計者が多いように見受けられます。

対して現場が加工方法を検討する際には、「切る」「削る」「曲げる」「つぶす」「溶かす」といった物理的な検討だけでなく、加工時間と加工費も併せて考えます。現場は図面やデータに忠実にモノを作ることが仕事なので、一見すると加工困難と思われる形状でも、よほどおかしな形状でない限り、なんとか工夫して作ろうとするのです。ただ、その場合、ほぼ間違いなく加工費用は高額になります。

例えば、一体モノの削り出し形状の部品について加工検討の末、「これは一体モノでは加工不可能な形状だけど、部品を複数に分けて作って溶接すれば形にはなる」

と打開策を見出したとします（**図0-1**）。
しかし見返りとして、素材からの一体モノ削り出しと比べて、溶接箇所では応力による変形や割れ等が生じて機能を損ねるリスクが生じますし、分割した部品を1点ずつ加工してさらに溶接するので、大幅に工数が増えて結果的にコストも急騰するわけです。

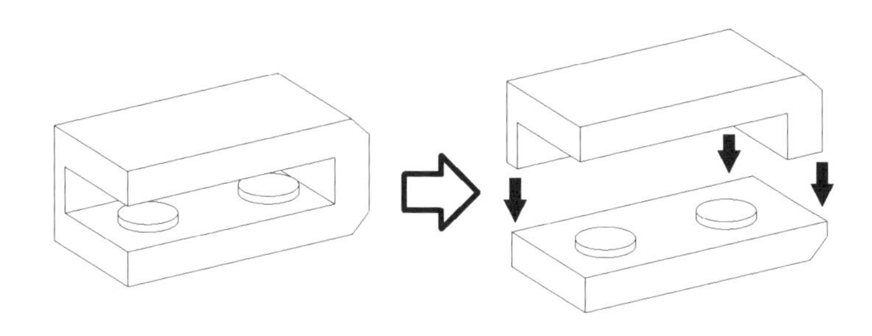

図0-1 一体加工不可形状への分割溶接提案例

いくら形だけはなんとかなっても、機能は満たさないわコストは上がるわで、これじゃ機械部品として何一つ良いことがありません。装置全体の予算枠が決まっているのに、こんな具合に部品のいくつかが無駄に予算を食うようでは、良い設計とは言えませんよね。
このような事例では「この形状は、分割して部品を加工した後に溶接して一体化するしか方法がないが、それで問題ないか」と現場から設計に確認の連絡が来ます。しかし設計と加工現場が隔たれていることが多い昨今、設計者が現場に積極的に問い合わせない限り、ふだんの加工法に関する細かな情報がフィードバックされることはほとんどありません。つまり、設計者が知らないところで加工に無駄なコストがかかっている事例は数多くあるということです。加工現場では、図面に描かれた情報を常に「正」とし、それを忠実に再現することを使命と考えて日々作業をしています。現場にとって「正」となる図面の理想形とは、どの加工法を用いるかが容易に判断でき、なおかつ投影図の向きや寸法の配列が、加工者に見やすく描かれたものです。理想的な図面を描くためには、まず製図のルールを覚えて、さらにそこに加工法や工具の知識が伴えば「絵に描いた餅」で終わってしまう、悲しい図面を描くことはなくなるはずです。
考えてみれば、設計者は図面に重要な情報を託しているにもかかわらず、自分の描いた絵がどのような手順で現物化するのかを知らないままで、絵だけを描き続けることに不安を覚えないなんておかしな話です。せめて自分の描いた図面を持って加工現場に行って、手順を知り、コストを試算しながら加工中の様子を見て「絵に描いた餅が食える餅になっていくさま」を学習するということは、とても必要なことだと考えています。

昔からよく、「現場を知る設計者は、知見が豊富で創造力や応用力のある強い設計者だ」と言われます。ところが現在、先に述べたようなグローバル生産体制やファブレスシステムなどで、設計の現場と部品加工の現場が物理的に隔てられていることで、設計者が望んでもなかなか現場で加工法を「知る・学ぶ」ことができないという残念な背景もあります。そこで、ぜひ本書を活用していただき、部品加工方法の種類とその概念を知って、加工に使用される工作機械の種類と動作の原理、工具の基礎知識と加工知識を得ることで、より合理的な設計力を培っていただけることを願います。

読者の皆様からのご意見や問題点のフィードバックなど、ホームページを通して紹介し、情報の共有化やサポートができ、少しでも良いものにしたいと念じております。

書籍サポートページ

https://www.techno-flexis.com/　Material工房・テクノフレキス

https://www.yanaka-proengineer.com/　やなか技術士事務所

最後に、本書の執筆にあたり、日刊工業新聞社出版局の担当者にお礼を申し上げます。

2022年3月

Material工房・テクノフレキス　藤崎淳子

やなか技術士事務所　今井　誠

目次　CONTENTS

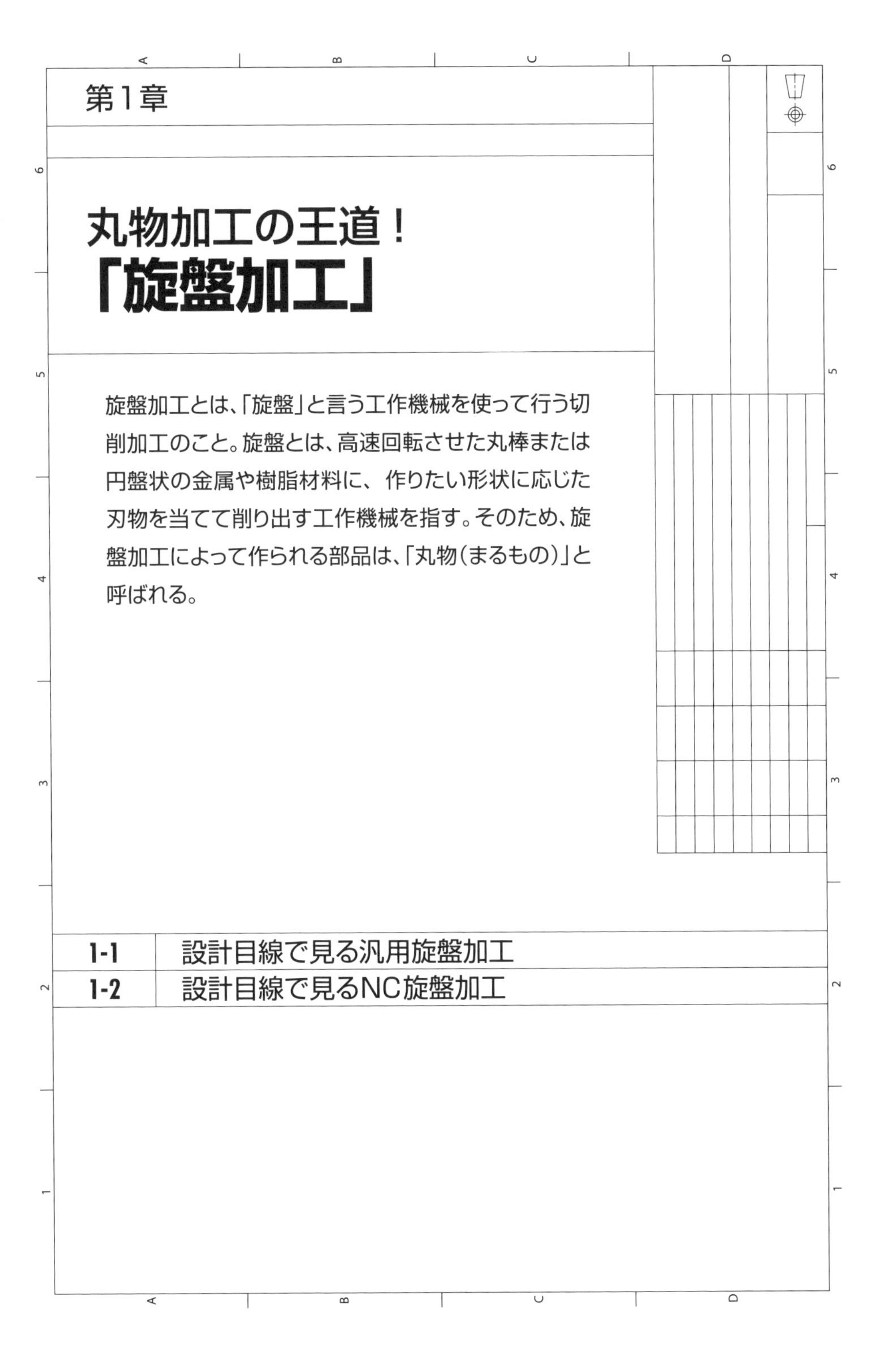

第1章

丸物加工の王道！「旋盤加工」

旋盤加工とは、「旋盤」と言う工作機械を使って行う切削加工のこと。旋盤とは、高速回転させた丸棒または円盤状の金属や樹脂材料に、作りたい形状に応じた刃物を当てて削り出す工作機械を指す。そのため、旋盤加工によって作られる部品は、「丸物（まるもの）」と呼ばれる。

第1章 1

設計目線で見る汎用旋盤加工

汎用旋盤（はんよう せんばん）加工とは

汎用旋盤加工とは、工具移動を手動で行う旋盤加工であり、外径加工、内径加工、端面加工、ネジ加工、溝加工、穴加工、角度をつけたテーパー加工などができる。手動で加工を行うため、要求精度によっては作業者の熟練度が必要となる。

機構には様々なモーションがあります。複雑にからみあって動く機構でも、それを単一の機構ごとに分けて見ていくと、機構の基礎となるモーションの多くは「回転運動」であることがわかります。そこを意識しながら機械部品を観察していくと、軸状、筒状、リング状、円盤状のものが多く見受けられることに気づきます。さらに、軸や筒といった基本形状に加えて、外周に切り欠きや穴を持つ部品やカム溝を持つ円筒部品など、多種多様です。この類の部品をひっくるめて、加工現場では「丸物」と呼んでいます。そしてこれら「丸物」を削り出す加工方法が、「旋盤加工」です。

それでは、汎用旋盤加工の基礎知識を確認していきましょう。

1. 切削加工の基本メカニズム
2. 切削加工の基本的な流れ
3. 旋盤加工で出来る形状
4. 汎用（はんよう）旋盤の構成
5. 旋盤加工に用いられる工具

1. 切削加工の基本メカニズム

切削加工では、「ワーク」と呼ばれる金属や樹脂の被削材に、金属製の切削工具を接触させて表面を削りながら形状を作っていきます。この基本メカニズムについて説明します（**図1-1**）。

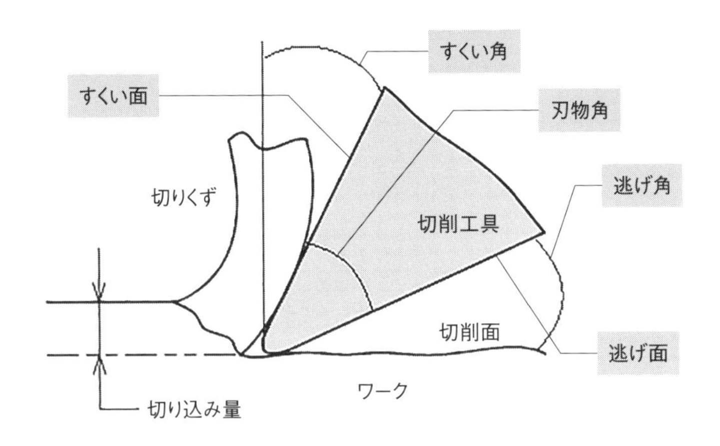

図1-1 切削の基本メカニズム

ワークに工具の刃先が切り込む際に発生するのが、すくい角と逃げ角です。すくい角は、刃が材料に食い込む角度を指し、これが大きいほど刃が食い込みやすくなります。

逃げ角は、ワークと工具が干渉しないための角度で、この2つの角度には、工具の刃先の角度（刃物角）が大きく関わります。

すくい角と逃げ角を小さくすると、刃物角は鈍角になり、すくい角と逃げ角を大きくすると、刃物角は鋭角になります。刃物角が鈍角になると刃先の強度が高くなるので、これは硬い材料を削る場合に適しています。反対に、軟らかい材料を削る場合は、刃物角を鋭角にして切れ味優先で加工します。

切削中は、すくい面の上を切りくずが通っていきますが、金属同士の激しい摩擦で発生する切りくずは、非常に熱い金属片です。そのためすくい面は熱を持ちやすく、この熱によって切りくずがすくい面に固着してしまう（この現象を構成刃先と言います）と、工具の切れ味が損なわれるために、寸法不良や表面性状不良の原因となります。特に「鉄系」の材料は、熱伝導率が低く、熱はけが悪いので、加工を進める上では、切削油による冷却を行う一方で、すくい角を大きく取る、チップブレーカー付き刃物やコーティング処理された刃物を使用するなどして、熱い切りくずがすくい面にとどまりにくい工夫をすることが大切なのです。

φ(@°▽°@) メモメモ

構成刃先

構成刃先とは、切削中に被削材の一部が加工硬化によって刃に付着してしまう現象です。これによって刃が摩耗しにくくなるとか、構成刃先ができた分すくい角が大きくなるので切削抵抗が減る、といったささやかなメリットもありますが、構成刃先の刃先形状はいびつで不安定な上に、切れ味が鈍化するので、いろいろな加工トラブルの原因となります。

・表面性状の悪化
・寸法が出ない。安定しない
・刃先の欠損

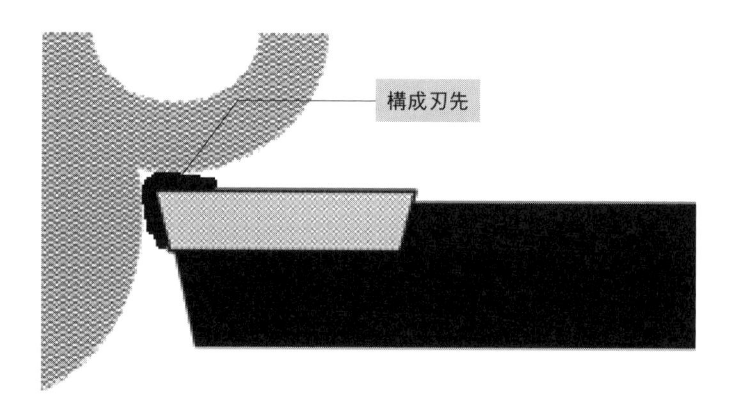

構成刃先は、超硬刃よりハイス刃のほうができやすく、刃の材質と被削材との親和性が高いほどできやすいので、以下のように、刃の材質選定と切削条件を整えることが対策のポイントとなります。

1. サーメットチップやコーティングチップを使う
2. 切削速度を上げる
3. 切り込み量を大きくする
4. 送り速度を上げる
5. すくい角が大きい刃を使う
6. 刃先の凝着温度以下になるように切削油で冷却する

2. 切削加工の基本的な流れ

切削加工全般において、図面やデータを受け取ってから加工が完了するまでの基本的な手順を示します（**図1-2**）。

材料をセットして機械を始動する前には、準備するべきことがたくさんあります。この準備を「段取り」と言い、段取りを始めたら、そこが加工のスタートと考えます。つまり、段取り作業は加工コストに含まれるということです。

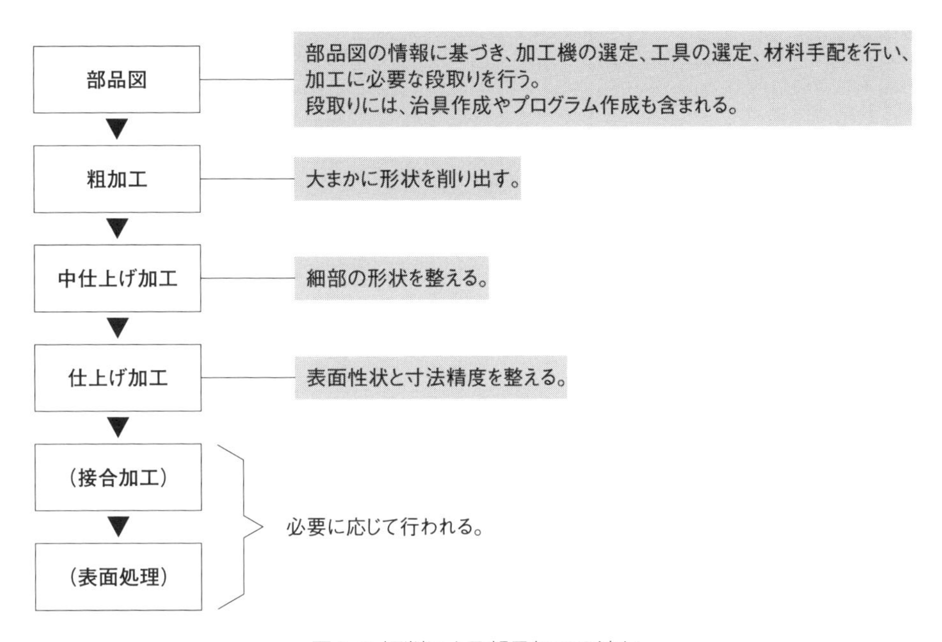

図1-2 切削による部品加工の流れ

3. 旋盤加工でできる形状

旋盤の一般的な加工種類としては、外径切削、端面切削、内径切削（中ぐり）、穴あけ、ねじ加工、突切りなどがあります(**表1-1**)。

表1-1 旋盤で加工できる主な形状

分類	外形切削	端面切削	内径切削	穴あけ	ねじ加工	突っ切り 溝加工・他
加工の様子				ドリル加工 センターもみ	めねじ加工も できる	曲面の加工は NCを用いる

加工現場では、旋盤を汎用機とNC（Numerical Control：数値制御）機とに大別し、さらにNC機は、「NC旋盤」「複合旋盤」「CNC自動旋盤」らに区別して扱われます。どの種類の旋盤にも長所と短所がありますから、加工したい部品形状と生産数、生産継続性に見合った機種の見極めが必要になります。

4. 汎用（はんよう）旋盤の構成

旋盤加工は、加工する面の数が少ないために加工が速いことが強みです。また、工具ではなく加工物を高速回転させるため、フライス盤と比べると、同じ回転数でも速い切削速度が得られます。ただし、汎用旋盤は各軸の送り操作を手動で行うために、軸方向の連続したR形状の削り出し等では制御が難しく、加工困難となります。また、作業者ごとの技能差が出やすいことも、弱みのひとつと言えます。その反面、特急で部品が必要な場面でも、材料と工具が揃えばすぐに加工ができるフットワークの軽さは強みとなります。

汎用旋盤の構成を示します（**図1-3**）。

旋盤は、向かって左側の「チャック」で加工物を把持して、高速回転させたところへ、「刃物台」に取り付けられた工具（バイト）を接触させ、右から左へ送りながら切削していきます。

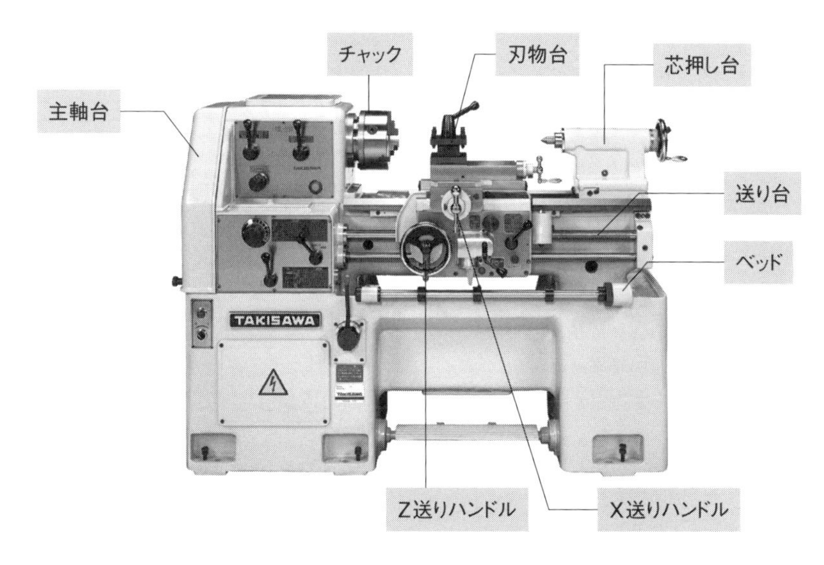

図1-3 汎用旋盤の構成（出典：滝沢鉄工所 TSLシリーズ）

手動で操作する汎用旋盤では、軸方向（Z）の送りハンドルと、径方向（X）の送りハンドルを手回しで操作しながら、それぞれの目盛りを目視して加工を進めていきます。つまり制御する軸は、XとZの2軸ということになります。したがって、汎用旋盤は、外径切削、内径切削、ネジ加工、溝加工、切断などの2次元的な加工に向いているわけです。ですが手動のため、自由曲面を持つ部品の加工には不向きなのです。

5. 旋盤加工で用いられる工具

旋盤では「バイト」と呼ばれる工具を使用することがほとんどです。

バイトは、ドイツ語の「Beitel」から由来した名称で、その意味は、大工道具でおなじみの「鑿（ノミ）」です。そうと知ると、バイトが働く様子がよりイメージしやすいですよね。

バイトは、ホルダ（軸）の先端に「チップ」と呼ばれる、切れ刃を取り付けたものです。チップの材質と形状は、被削材別、加工目的別に多様にあり、チップの取り付け方には、ろう付け型と交換式のスローアウェイ型があります。バイトの他に、ドリル、センタドリル、ローレット工具も旋盤加工で使われる工具です（**図1-4**）。

ちなみに、スローアウェイ（throw away）とは、廃棄するという意味で、使い捨ての刃物であることがわかります。

ろう付けとは、接合する2つの母材間に、母材より融点が低い「ろう」を溶かして流し込み、冷却・凝固することによって接合する手法です。詳細は第7章を確認してください。

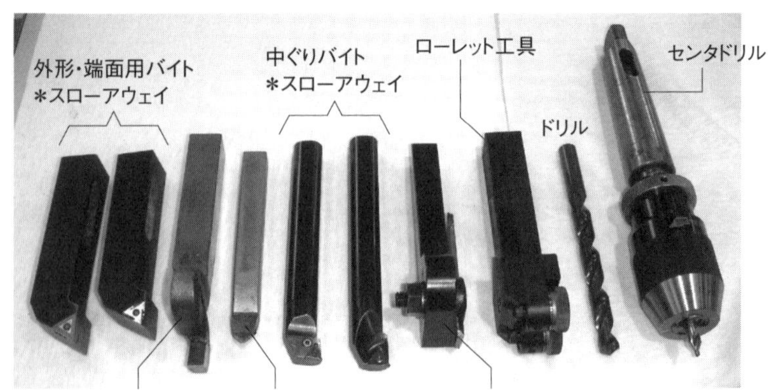

図1-4 旋盤加工で使用される工具

1）ろう付けバイトの種類

ろう付けバイトの種類と特徴をまとめました（**表1-2**）。

これらの中から加工したい形状に合わせて適切な種類のバイトを選定し、刃物台に取り付けて使用します。

表1-2 ろう付けバイトの種類と特徴

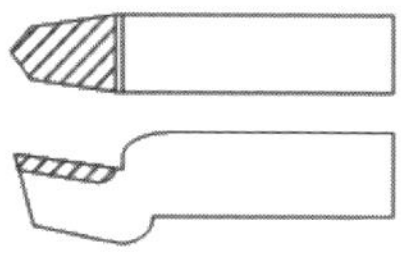 **真剣バイト** 左右対称な切れ刃を持つ	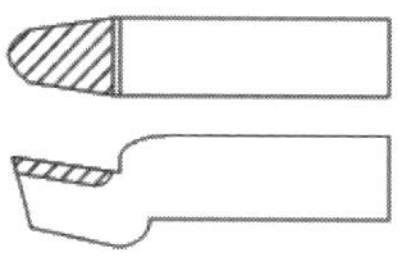 **先丸剣バイト** 左右対称な切れ刃と大きな丸コーナーを持つ	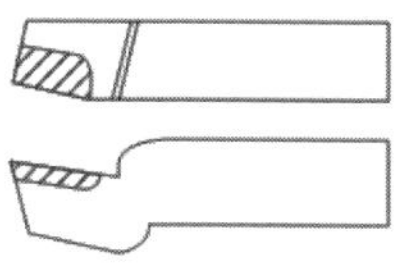 **斜剣バイト** 左右非対称な切れ刃を持つ
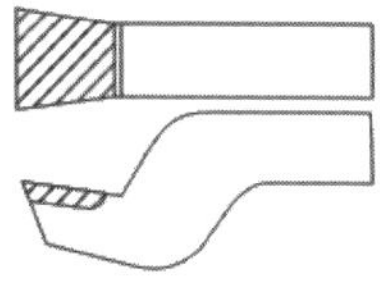 **平剣バイト** シャンクの軸に対してほぼ直角な切れ刃を持つ	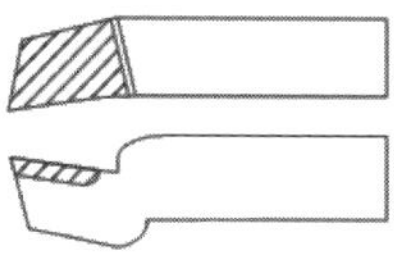 **右曲がりバイト** 約60°の刃先角と約－20°のアプローチ角とを持つ右勝手の切れ刃を持つ	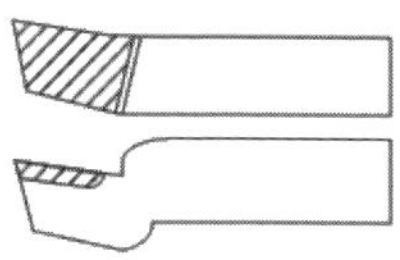 **左曲がりバイト** 約60°の刃先角と約－20°のアプローチ角とを持つ左勝手の切れ刃を持つ
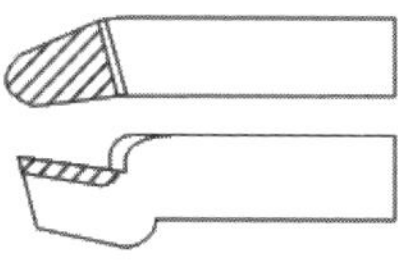 **先丸曲がりバイト** 約40°の刃先角と約－30°のアプローチ角及び大きな丸コーナーの切れ刃を持つ	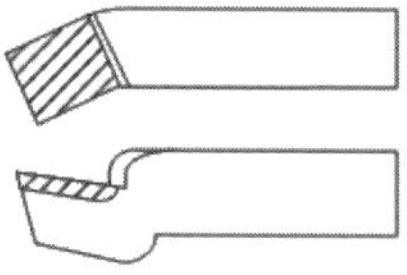 **平曲がりバイト** 約90°の刃先角と約25°のアプローチ角の切れ刃を持つ	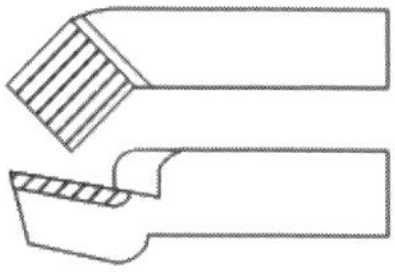 **向かいバイト** 約90°の刃先角と約45°のアプローチ角の切れ刃を持つ
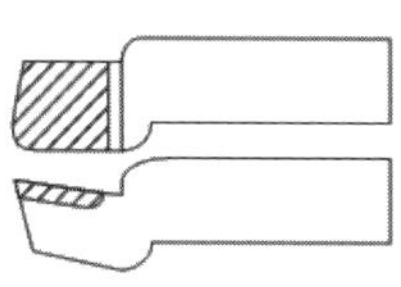 **片刃バイト** シャンクの軸にほぼ平行で、左・右いずれかに片寄った切れ刃を持つ	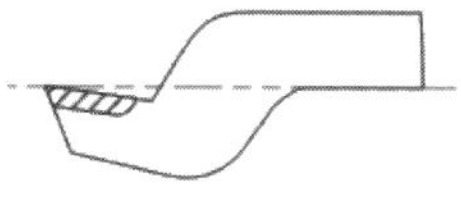 **腰折れバイト** コーナーの高さがシャンクの底面と一致するか、または底面を越えないように首を曲げたバイトの総称	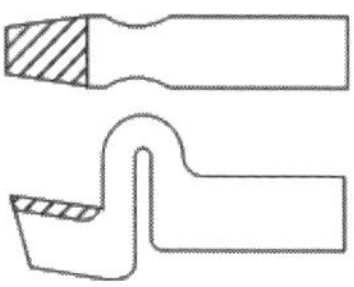 **ヘールバイト** 食い込みとびびりを避けるために、ばねの動きをするように首を曲げたバイトの総称

2）刃物台

汎用旋盤の刃物台は正方形をしており、4種類のバイトをセットできます（図1-5）。

例えば、最初に端面削りをして次に溝入れをする場合、端面削りが済んだら、ロックレバーを緩めて手で刃物台を回して、次に使う溝入れバイトと交代させるのです。

図1-5 複数のバイトがセットされた刃物台（写真提供：株式会社安曇野ヤマダテクニカル）

加工箇所ごとにバイトを使い分けて、指示された形状を削り出す例を示します（図1-6）。

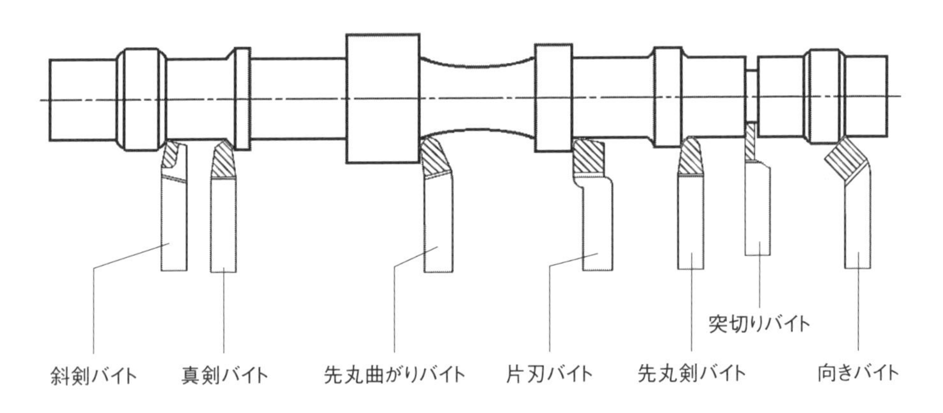

図1-6 加工箇所ごとのバイトの使い分け例

3）スローアウェイチップについて

ろう付けバイトとは別に、ホルダーに交換式のチップを取り付けて使う、スローアウェイバイトについて説明します。スローアウェイとは、本項の冒頭で説明した通り、「使い捨て」の意味です。

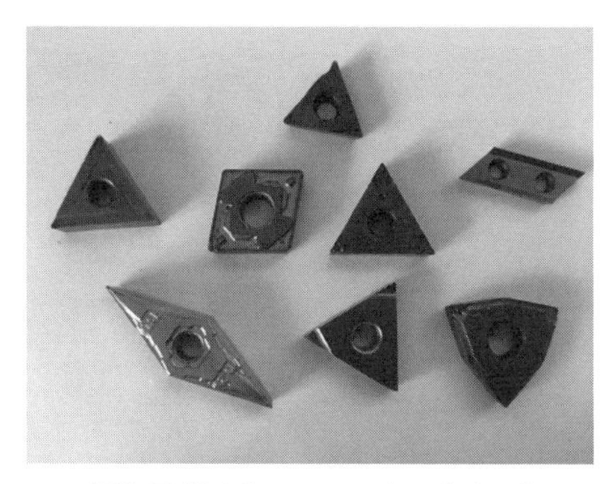

図1-7 様々なスローアウェイチップ

ろう付けバイトは、ろうが露出するまで何度でも研ぎ直して使い続けますが、スローアウェイバイトは、チップの刃が欠けたり切れなくなったら、同じチップの別の角を使うことができます。例えば三角形のTNMGチップなら、チップ片面につき3回×裏表＝6回使えるということです（**図1-8**）。

最終的にどの刃も切れなくなったところで新品のチップに交換すればよいので、コストパフォーマンスが良いのが特徴です。

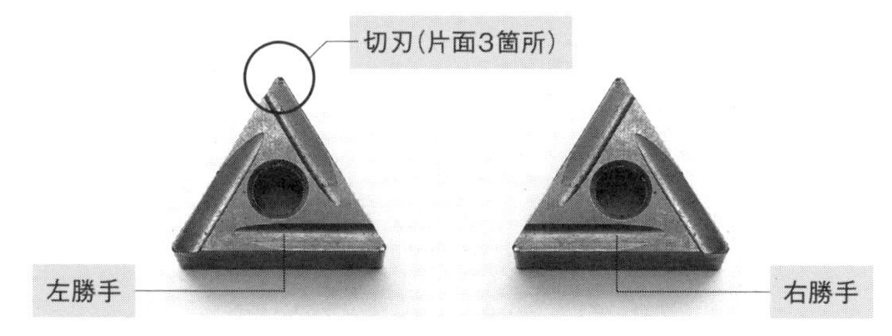

図1-8 TNMG型チップ

φ(@°▽°@) メモメモ

「TNMG」とは？

旋削用チップの記号で、左から順に「形状」「逃げ角」「許容差」「穴やチップブレーカーの有無」を表したもの。

① チップブレーカー

スローアウェイチップには、ロウ付けバイトにはない、「チップブレーカー」が付いているものが多数あります。チップブレーカーは切削抵抗を低減し、切削中の切りくずを砕いて排出させる効果があり、すくい面に熱が溜まらないように工夫されているものです（**図1-9**）。

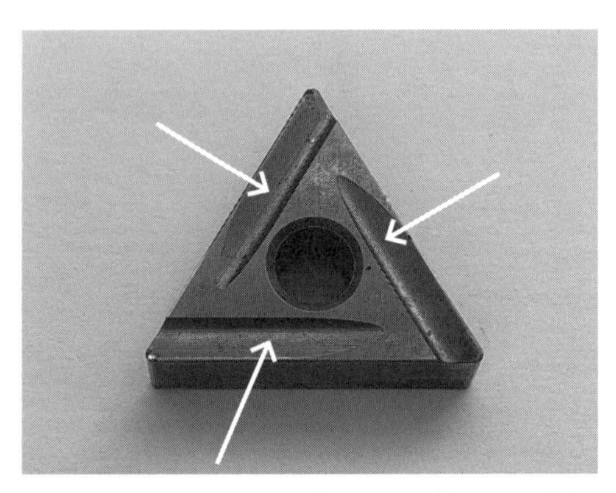

図1-9 TNMG型チップのチップブレーカー例

チップブレーカーの形状は様々で、ブレーカー形状の違いによる切削性の違いは、切削量が多い粗加工の方がはっきり出ます。どのブレーカー形状を選ぶかは、切削抵抗の大小や切りくず処理の関係で加工の重要なポイントになるので、加工者は、被削材や切り込み量に合ったブレーカー形状を選定して、効率のよい粗加工に努めているのです。

② ノーズR

チップの刃先には丸みがついており、これをノーズRと呼びます。

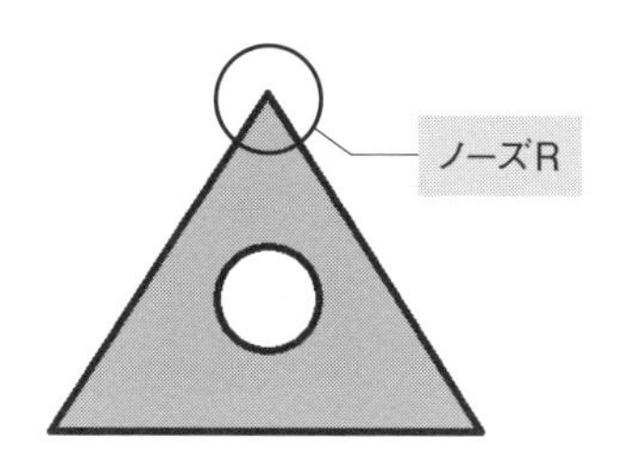

ノーズRは刃先の強度や切削性と密接な関係があり、一般的に、ノーズRが小さいほど切りくずの処理性が良く、ノーズRが大きいほど刃先が強くなり、送り速度を上げて削ることができて加工効率が良くなります。

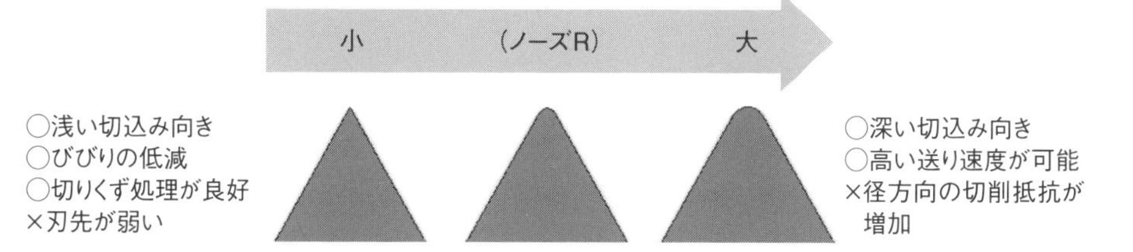

切り込み量3mm以下の場合での、各材料における推奨ノーズRを示します（**表1-3**）。

ただし、刃先の強度を要求する粗加工では、鋼、アルミ、銅であっても、R0.8を用いることがあります。

表1-3 材料別推奨ノーズR

鋼、アルミ、銅	鋳鉄、非金属
R0.4	R0.8

③ ネガチップとポジチップ

スローアウェイチップには、逃げ角を持つポジチップと、逃げ角を持たないネガチップの2種類があります。ポジチップの逃げ角は、加工者が加工内容や被削材など諸条件から検討して工具の型番を指定して決めます。例えば、正三角形のポジチップで逃げ角を7°にするなら、「TCMT○○○」と指定します（**図1-10**）。

図1-10 ネガチップ(TNMG)とポジチップ(TCMT)

ネガチップはそれ自体に逃げ角を持ちませんが、ホルダに取り付けた時に逃げ角を得られるようになっており、それぞれ用途に応じて使い分けます（**表1-4**）。

表1-4 ネガチップとポジチップの特徴

ネガチップ(逃げ角なし)	ポジチップ(逃げ角あり)
●両面型と片面型があり両面使用可 ●切刃の強度が高い ●重切削に適している ●一般的な外径旋削加工向き	●片面型のみ(裏返しての使用は不可) ●切削抵抗が低い ●細物の外径旋削加工に適している ●一般的な内径旋削加工向き

設計目線で見る「工具の材質の違いがコストにどう影響するのか気になる件」

鉄鋼、非鉄金属、樹脂と、加工物の材質が様々であれば、それを削る工具側の材質も、それに適したものを選ぶ必要があります。

切削加工で用いられる工具全般について、その材質と特徴をまとめました（**表1-5**）。価格の目安を示したのは、工具の材質を選定する際に、コストを無視できないためです。

工具は消耗品ですが、もったいないからと切れ味が落ちたものを騙し騙し使えば、当たり前に加工不良を起こします。部品を計画する際に、要求精度を満足した部品を必要数加工するために、どの材質の工具がいくつ必要なのかまで見積れるようになるとよいでしょう。

表1-5 工具の材質と特徴

材質	特徴	価格（目安）
高速度工具鋼 ハイス（HSS）	一般的な切削では十分の特性を持つため、オールラウンドで使える。 主にエンドミルやドリルで使用されている。 安価なドリルでは、溶解ハイスが用いられ、エンドミルでは靱性の高い粉末冶金ハイスが用いられる。	ドリル 200円～ 2刃エンドミル 800円～
超硬合金	難削材の加工や、時間当たりの生産性を重視する量産に向き、耐摩耗性や切削性向上を図ったコーティングが施されているものが主流。最も一般的に使用され安価である。 スローアウェイチップではP種（鋼用）、M種（ステンレス用）、K種（鋳鉄用）、N種（アルミ用）に分類され、被削材に適した超硬品種を選ぶ。	旋削チップ 600円～ 2刃エンドミル 1,000円～
サーメット （セラミックスと金属の複合材）	靱性があり、超硬合金に比べて高速切削ができる。	旋削チップ 800円～
ダイヤモンド （焼結体）	非鉄金属や非金属の高速切削や精密加工に用いる。 被削材が鋼の場合は、高温時に化学反応を起こしてしまうため使用できない。	旋削チップ 10,000円～
CBN焼結体 （立方晶窒化ホウ素）	ダイヤモンドの次に高い硬度を持つ。 炭素を含まないため鋼の切削が可能。 工具鋼や難削材の切削や仕上げに利用する	旋削チップ 10,000円～

設計目線で見る「汎用旋盤にどこまで寸法精度を求められるのか知りたい件」

軸/穴のはめあい部は、指示通りに寸法公差を出すことが厳しい箇所です。

特に必要でない箇所は、普通公差に設定した方が加工しやすくコストも安いのです。

一般的な加工で出せる寸法精度の限度は1/100mm（100分台とも言う）程度であり、1/1000mm（1000分台）の加工精度は狙い値となるため、精度の保証が難しくなる上にコストも高くなります。

第1章	2	設計目線で見る NC旋盤加工

NC 旋盤（エヌシーせんばん）加工とは

NC 旋盤加工とは、Z とX の2つの軸にサーボモータを取り付けて人力の代替とし、その移動量や送り早さなどの制御を、コンピュータが行いながら加工することである。汎用旋盤では加工困難なR 形状や自由曲面の加工では、このNC 旋盤の出番となる。

汎用旋盤での手動操作を数値制御化したNC旋盤では、操作を命令するNCプログラム（Gコード）の準備が必要で、この作成は加工担当者の仕事です。

代表的なNC旋盤には、次の3種類があります。それぞれの基礎知識を確認していきましょう。

1. 汎NC旋盤
2. ターニングセンタ（NC複合旋盤）
3. CNC自動旋盤

1. 汎NC旋盤

汎用旋盤の回転数制御と送り操作のみをNC化したものが、汎NC旋盤です（図1-11）。

汎NC旋盤では、汎用旋盤と同じように刃物台を手動で回して工具を交換して加工します。

図1-11 汎NC 旋盤

2. ターニングセンタ（NC複合旋盤）

NC旋盤の機能に、エンドミルを使った溝加工やDカット、横穴、横タップ等の加工を加えられる旋盤を、ターニングセンタ（NC複合旋盤）と呼びます（**図1-12**）。ターニングセンタは、複雑形状品の単品加工から、多品種小ロットの加工に適しています。

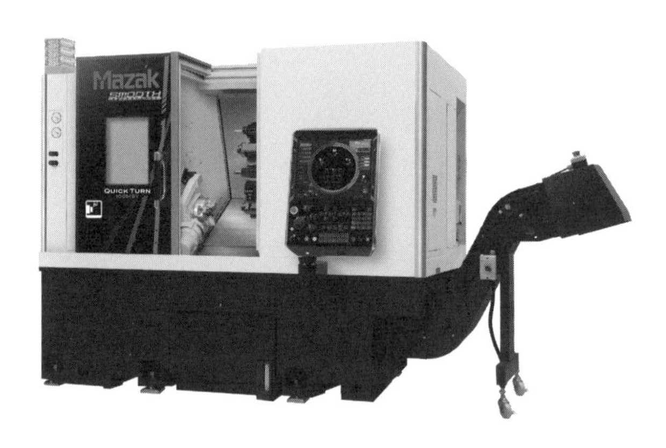

図1-12 NC複合旋盤（出典：ヤマザキマザック QUICK TURNシリーズ）

ターニングセンタで外径を削っている様子を示します。回転する加工物にバイトが当てられて、徐々に形を変えていく様子がイメージできるでしょうか（**図1-13**）。

この次の工程では、右側のターレットと呼ばれる刃物台が自動回転することで工具をチェンジして加工を続けていきます。ターニングセンタでは、一回のチャッキングで最終までの加工が可能なので、芯ブレがなく安定した部品精度が期待できます。

図1-13 ターニングセンタによる切削の様子（写真提供：株式会社安曇野ヤマダテクニカル）

ターレット以外に、加工物の対向で水平移動することで工具を交代させる、櫛刃（くしば）型の刃物台を持つ、櫛刃型NC旋盤もあります（**図1-14**）。

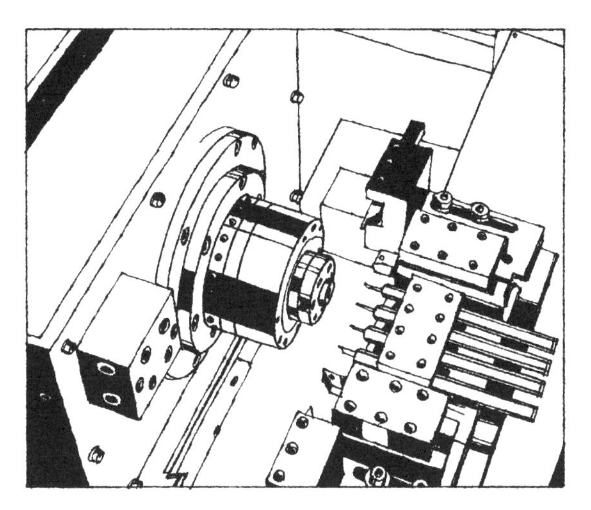

図1-14 櫛刃型NC旋盤のチャックと刃物台

3. CNC自動旋盤

ひと口に「NC旋盤」と言っても、汎NC旋盤とターニングセンタでは加工能力に差があることが理解していただけたところで、もう1つのNC旋盤を紹介します。それがCNC自動旋盤です（**図1-15**）。

先に紹介したNC旋盤では、いずれも必要な長さに切断された材料をチャックにセットして加工しますが、CNC自動旋盤では、長いままの定尺材料を「バーフィーダ（**図1-16**）」に収めておき、自動的に送り出しながら加工します。材料供給と加工が連携するので、無人で連続長時間稼働も可能なNC旋盤です。

この特徴から、CNC自動旋盤は「バーワークマシン」（長尺の棒材料をそのまま使う加工機）とも呼ばれており、ϕ70以下の量産加工に特化しています。ϕ70以下と言っても、機種により最大チャック径は異なるので、加工依頼の前には設備の仕様を確認しておく必要があります。

図1-15 CNC自動旋盤（出典：株式会社ツガミ B0205-Ⅲ）

図1-16 バーフィーダ（写真提供:株式会社安曇野ヤマダテクニカル）

CNC自動旋盤の利点は、材料交換や段取り替えの手間が省けることによる長時間の無人運転です。ですから、1つ2つの試作のためにCNC自動旋盤を使うことは、まずありません。単品加工や試作品製作、小ロット多品種の生産には汎用旋盤やNC旋盤を使い、それらが量産に移行する際にCNC自動旋盤の利用を検討するという流れが一般的です。

注意したいのは、汎NC旋盤もターニングセンタもCNC自動旋盤も、世間では「NC旋盤」というひと言でくくられていることです。

「NC旋盤を持っていると聞いて試作部品を依頼に行ったら、その加工会社のNC旋盤は、CNC自動旋盤だった」という話はザラにあります。ですから、加工会社を決める際には、単に「NC旋盤を保有している」という情報だけではなく、どのタイプのNC旋盤を保有していて、どのような加工事例があるかまで確認しておくことが重要です。加工事例を見ると、その加工会社の得意な材質と得意な形状が把握できるからです。

■D(￣ー￣*)コーヒーブレイク

NC加工にも、扱う人間の経験と感性が求められるというおはなし

「今の時代、工作機械のほとんどはNCで、プログラムの作成に至ってもCAMが自動的にやってくれますよね。だから、ちょっと教わって操作に慣れてしまえば、誰がやっても同じ品質のものが作れるんでしょ。ヒューマンエラーもなくなるし、楽ですよね」というイメージは、当たっているけれどハズレでもあります。確かに、すべてNCとCAMにお任せすれば、一切のトラブルなく加工が完了できるというのなら、こんなに楽なことはありません。でも、NCもCAMもコンピューターですし、これらは人間の命令通りに動くものです。だから、必ずヒューマンエラーは起きます。

「段取り八分、仕事二分」と言われるように、部品加工でも作業の多くを占めるのが段取りで、加工物の固定方法や切削条件の工夫といった、人間の知恵と勘の部分です。これは、加工者が長年にわたって積んだ経験と培ってきた知恵の絞りどころで、これがCAMでのプログラム作成にも「さじ加減」として投与されて、会社独自の加工ノウハウとなっていくのです。

どんなに機能が優れたNCとCAMがあろうとも、どう活用するかを判断するのは人間です。ものづくりにおいては、将来にわたって人間のアナログ感性は欠かせないのです。

設計目線で見る「ん？旋削チップの形は図面のどこかで見たことあるかも…！」

経験の浅い設計者は、求める表面粗さを加工者に伝える際に、「何が適切なのか」と迷い、悩みます。サイズ公差を決める時もそうですが、こうした迷いを打破するために、先輩設計者の前例を真似ることはよくあることです。この時、旧JISの表面粗さ記号まで真似しないことです。特に、1992年以前の三角記号が使われていたら、Ra（算術平均粗さ）などの記号に置き換えます。

三角記号の時代では、5種類の記号を使い分けて概念的に表面粗さを表していました。

・▽　　経済的な機械加工面
・▽▽　　良好な機械加工面
・▽▽▽　　滑らかな仕上げ面
・▽▽▽▽　　精密仕上げ面
・～（波目）　　寸法に差し支えない荒仕上げ面

実際は▽▽や▽▽▽の中にも幅があるのに、三角の数だけで指示する曖昧さから設計と加工の間でトラブルが続発したので、現在はRa（算術平均粗さ）などの記号を用いて表面粗さを数値化して指示することを推奨しているのです。

三角と言えば、三角形の旋削チップがあります（**図1-17**）。これがかつての三角記号を意味していると考えてみてはどうでしょう。刃先を加工物の表面に当てて出来る「痕」の度合いは、表面粗さに直結しますから、三角記号とその種類は、「三角チップの先端が表面を削っていく様子の象形化」と見ることができます。

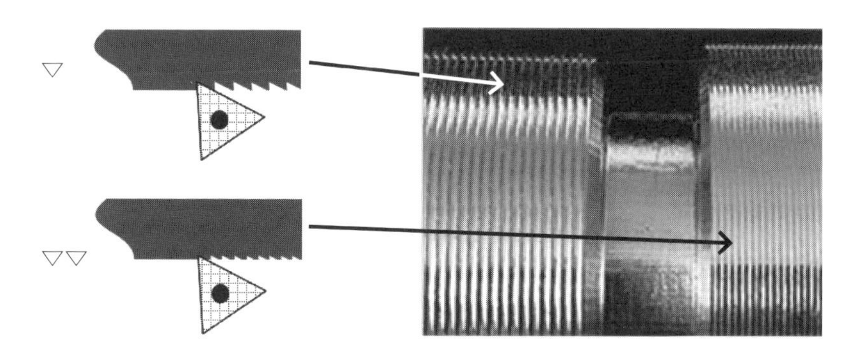

図1-17 外径加工の刃先の痕

工作機械や工具、加工技術は年々進化していて、過去には困難だった加工が現在は楽にできている例もあります。延々と前例を真似するのではなく、自分で情報を集めながら、適切な表面粗さを判断できる知識を得るように努めましょう。

設計目線で見る「旋盤加工で出せる表面粗さはどのくらいなのか知りたい件」

加工者は、図面上に表面粗さ記号があれば、それに見合う加工方法と、切り込み量、送り量、送り速度などの値を計算して加工を進めます。

設計者も、「どの加工方法を用いれば要求する表面粗さが得られるか」を知ってくことと、その中でも一般的な加工で得られやすく、機能に問題が起きにくい表面粗さを見極めて、合理的な値で指示することが大切です。

以下に、旋盤加工で狙える表面粗さの目安を示すので、参考にしてください（**表1-6**）。

表1-6 旋盤加工で得られる表面粗さ

加工方法			表面粗さ（Ra,Rz,旧仕上げ記号）												
名称	記号	Rz	200	100	50	25	12.5	6.3	3.2	1.6	0.8	0.4	0.2	0.1	0.05
		Ra	50	25	12.5	6.3	3.2	1.6	0.8	0.4	0.2	0.1	0.05	0.025	0.012
		旧	～	▽		▽▽		▽▽▽			▽▽▽▽				
旋削（L）	Lathe Turning			□	□	■	■	■	■	■	□	□	□		
中ぐり（B）	Boring			□	□	■	■	■	■	■	□	□	□		

■ 一般的に得られる粗さ　□ 特別条件による粗さ

設計目線で見る「形状はシンプルなのに奥が深い…旋盤加工品の製図ポイント」

設計者として、気を付けるべきポイントについて確認しましょう。

1）正面図は加工の向きに合わせる
2）段差部のノーズRと逃がし
3）不完全ねじ部の逃がし
4）つかみ代（しろ）のない部品の加工法
5）加工コストを意識した形状検討
6）高精度な部品はワンチャックで加工させる

1）正面図は加工の向きに合わせる

加工現場では、日々たくさんの図面を相手に作業をしていますが、見やすさに配慮された親切な図面はそうそう多くないのが現実です。見やすさとは、製図ルールに即しているだけでなく、加工作業の現実に適していることを指します。

旋盤加工の特徴は、「左側のチャックで加工物を掴み、刃物台が右から左へ送られて削られていく」と述べました。ですから、旋盤加工品の正面図を描く際には、実際の加工の向きに合わせて、加工量の多い部分を右側に描くのが原則です（**図1-18**）。

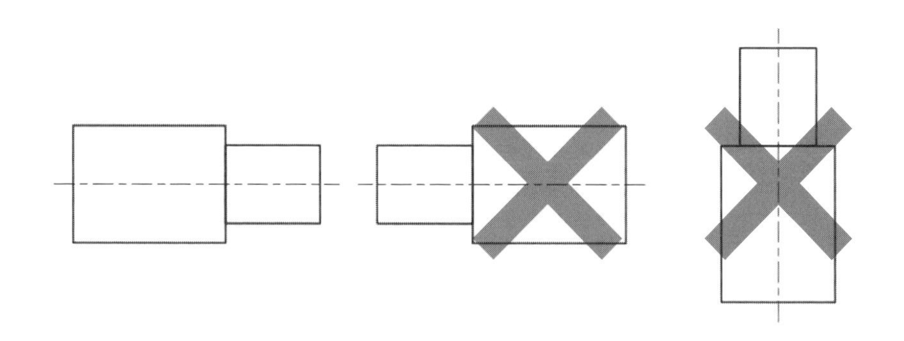

図1-18 正面図は加工の向きに合わせる

2）段差部のノーズRと逃がし

旋盤加工では、段差部にバイトの刃先R（ノーズR）が残ります。すると、相手部品はノーズRに干渉して、奥まで挿入できません。それを防ぐためには、相手部品側の口元にC面取りをつけて逃がすように工夫します。また、軸側の先端にもC面取りをすることで、相手部品への挿入がスムーズなります（**図1-19**）。

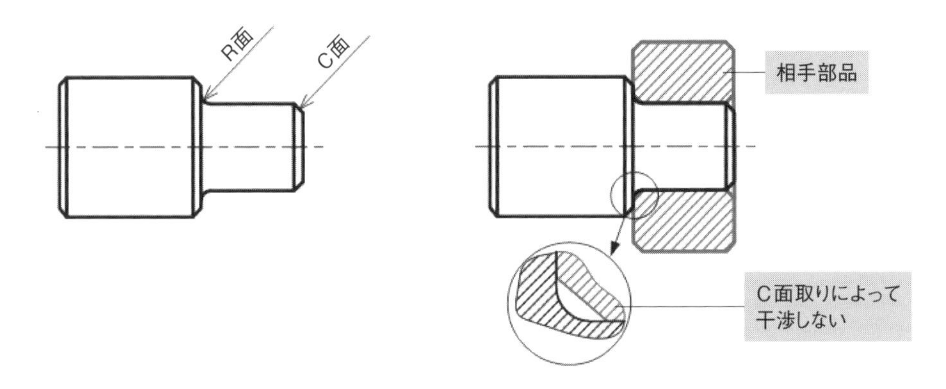

図1-19 段差部のノーズRは相手部品のC面取りで逃がす

3）不完全ねじ部の逃がし

ねじ加工では、ねじ山の先端と終端には必ず「不完全ねじ部」が発生します。旋盤でのねじ切りは右から左へ進行しますから、下に示すおねじ加工品a）とb）の、「x」と「a」はねじ山の切り終わりとなり、ここが不完全ねじ部になります（**図1-20**）。

b）は、段差のあるおねじ加工品ですから、不完全ねじ部「a」は、相手部品のねじ山との干渉部分となります。

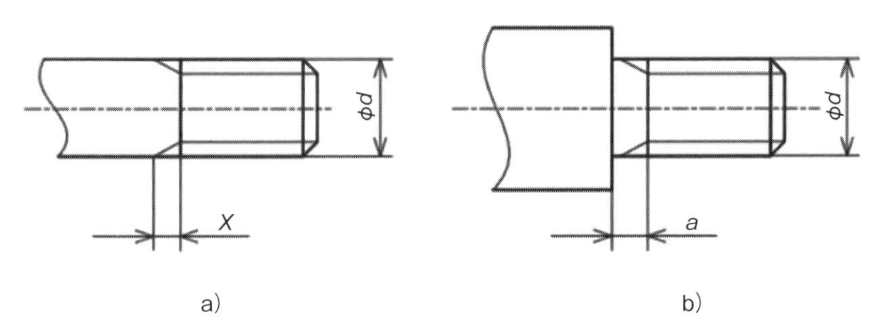

図1-20 おねじの不完全ねじ部

対策としては、相手部品の口元のC面取りに加えて、段差部に逃がし溝を付ける方法をとります。設計上の逃がし溝の幅は、加工するねじのピッチ（山と山の間）の2倍程度の寸法を見込んでおきます。例えば、M8×1.25であれば、逃がし溝の幅は1.25×2＝2.5とするという具合です。

また、相手部品が止まり穴形状の場合、相手部品側にも逃がしを設けます（**図1-21**）。

こうすることで、2部品をすきまなく嵌合させることができます。これは、はめあいでも用いられる方法です。

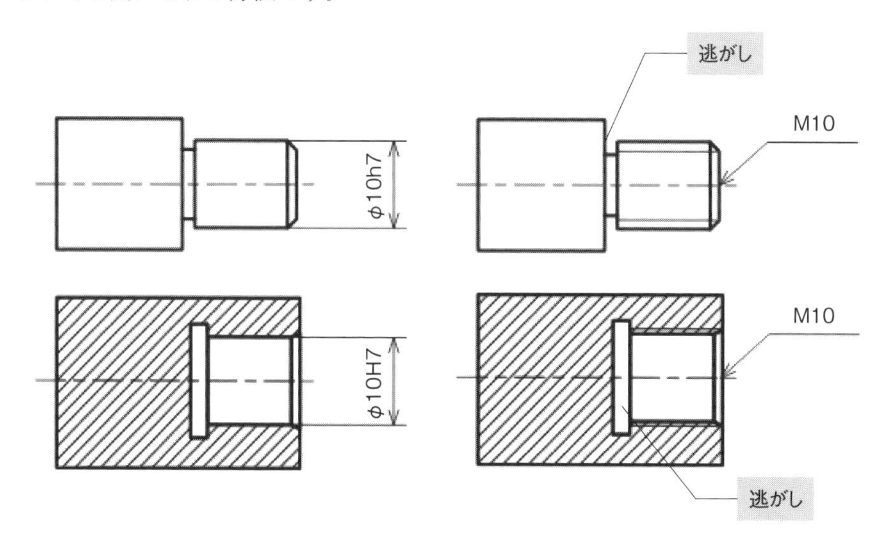

図1-21 工具の逃がし形状の必要性

4）つかみ代（しろ）がない部品の加工法

部品形状を検討した末に、**図1-22**に示す形状、a)、b)、c）に行き着いたとします。これらはすべて旋盤で加工することは明らかですが、どれもチャックに掴ませる「つかみ代」がありません。

このような形状は、現場では「加工困難な形状」とされますから、なるべくなら形状を見直すべきですが、この形状でなければ機能しないなど特段の理由があれば、このまま加工方法を考えることになります。

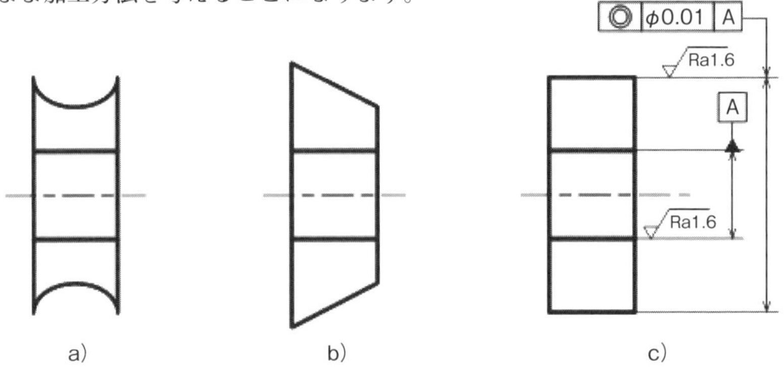

図1-22 つかみ代がない部品形状

まず、この形状では加工物を直接掴むことができませんから、「ヤトイ」という補助具を使います。加工時は、加工物をヤトイにセットして外径と端面の振れをゲージで確認した後、通常の加工と同じように切削します。ただし、ヤトイにセットした後では端面加工ができないので、注意が必要です（**図1-23**)。

ヤトイには既製品もありますが、加工物の形状に応じて現場で製作することがほとんどです。したがって、つかみ代のない形状を加工する際には、ヤトイのコストが上乗せになることも心得ておきましょう。

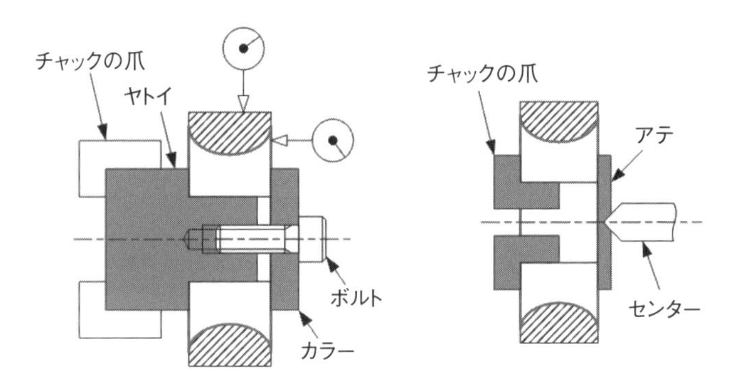

図1-23 つかみ代のない部品を掴むヤトイ

φ(@°▽°@) メモメモ

「ヤトイ」と「治具（じぐ）」の違いは？

「ヤトイ」は日本語で、加工などを行う際のダミーを意味するものと言われています。「治具」は英語の「jig」が語源で、後付けで漢字が当てはめられたものです。

現在では、治具という言葉を使うことが一般的ですが、特にベテランの加工者になるほど「ヤトイ」を使うことが多いように感じます。

5）加工コストを意識した形状検討

図1-24に示すのは、両端をシャフトホルダのH7穴に挿入して固定する、段付きシャフトです。 a）は、h7の要求範囲がφ20全体であるのに対して、b）は、両端のみの要求にとどまっています。

設計上、「シャフトのh7はシャフトホルダとのはめあい部分だけにあればよい」と考えた時、b）の形状は、寸法精度が必要な箇所を限定することで、仕上げ工程で不要なコストをかけずにすむ、理にかなった形状と言えます。

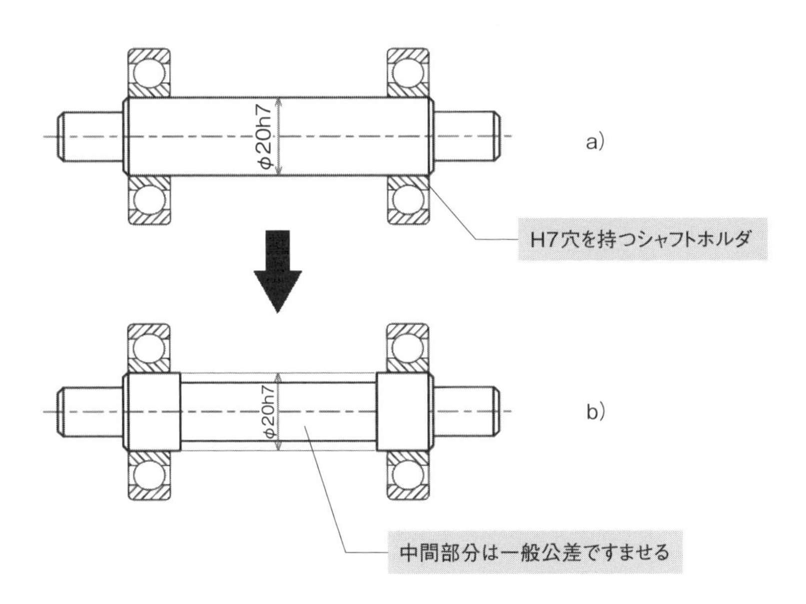

図1-24 精度必要部分の最小化

6. 高精度な部品はワンチャックで加工させる

両側からの加工が必要な形状では、片側の加工後にチャックから加工物を外して、反転させて掴み替え（現場用語でトンボと言います）をします。その際、どうしても芯がずれてしまいます。

高い精度を要求する部品は、1回のチャッキングで最後まで加工できる形状にすることが望ましいです。

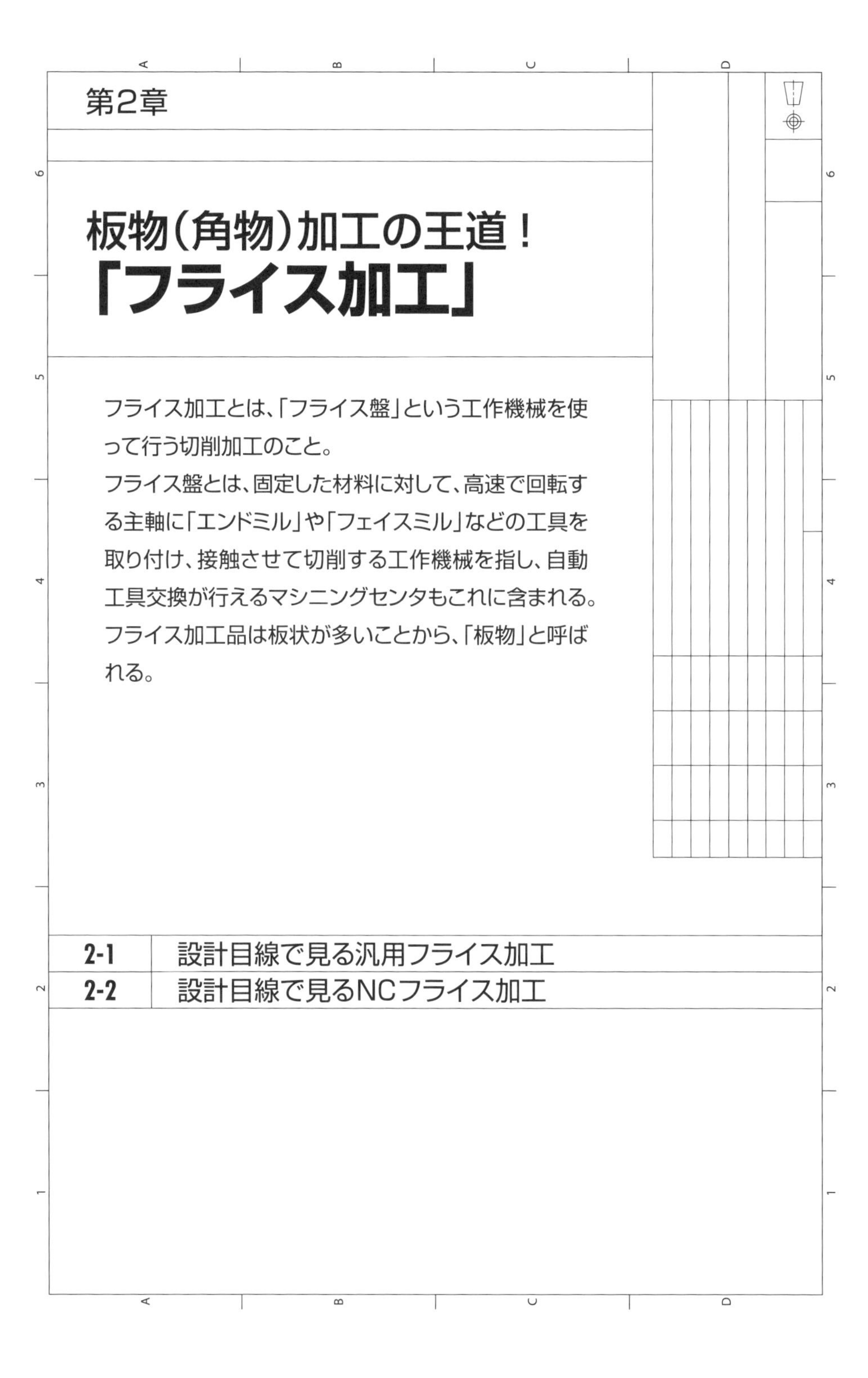

第2章

板物（角物）加工の王道！「フライス加工」

フライス加工とは、「フライス盤」という工作機械を使って行う切削加工のこと。
フライス盤とは、固定した材料に対して、高速で回転する主軸に「エンドミル」や「フェイスミル」などの工具を取り付け、接触させて切削する工作機械を指し、自動工具交換が行えるマシニングセンタもこれに含まれる。
フライス加工品は板状が多いことから、「板物」と呼ばれる。

第2章	1	設計目線で見る汎用フライス加工

汎用フライス加工とは

汎用フライス加工とは、テーブル移動を手動で行うフライス加工であり、平面切削、溝削り、側面加工、穴加工などができる。手動で加工を行うため、形状によっては加工が困難であったり、要求精度によっては作業者の熟練度が必要となる。

旋盤加工品が「丸物」と呼ばれるのに対して、フライス加工やマシニング加工で作られる部品は「板物」と呼ばれます。これは、板状の材料から削り出すことからそう呼ばれます。たとえ仕上がり形状がL字形やコの字形の部品であっても、総称では板物なのです。この板物を削り出す工作機械を、フライス盤と呼びます。

それでは、汎用フライス加工の基礎知識を確認していきましょう。

1. フライス加工でできる形状
2. 汎用（はんよう）フライス盤の構成
3. フライス加工に用いられる主な工具
4. エンドミルの刃形状種類と特徴

φ(@°▽°@) メモメモ

「フライス」の語源は？

フライスの語源は、ドイツ語の「Fraise」で、その意味は「ひだ襟」です。

板物の加工では、ひだ襟のようなギザギザの刃を持つ工具を多用することから、「フライス加工」と呼ばれるのです。

1．フライス加工でできる形状

フライス盤は、X、Y、Zの3方向に移動できるテーブルの上に加工物を固定しておいて、主軸を高速回転させながら、その先端に取り付けた工具を加工物に接触させ、テーブルを任意に移動させながら、指定した形状を削り出したり、指定した位置に穴を開けたり、指定した範囲の指定した量の材料を除去する加工をするものです。汎用フライス盤の場合、主軸に付ける工具は常に1種類で、工具の交換は手動で行います。

フライス盤の一般的な加工種類としては、平面切削、溝削り、側面・輪郭切削、穴あけなどがあります(**表2-1**)。

表2-1 フライス盤で加工できる主な形状

分類	平面切削	溝削り	あり溝 T溝
加工の様子			あり溝 T溝

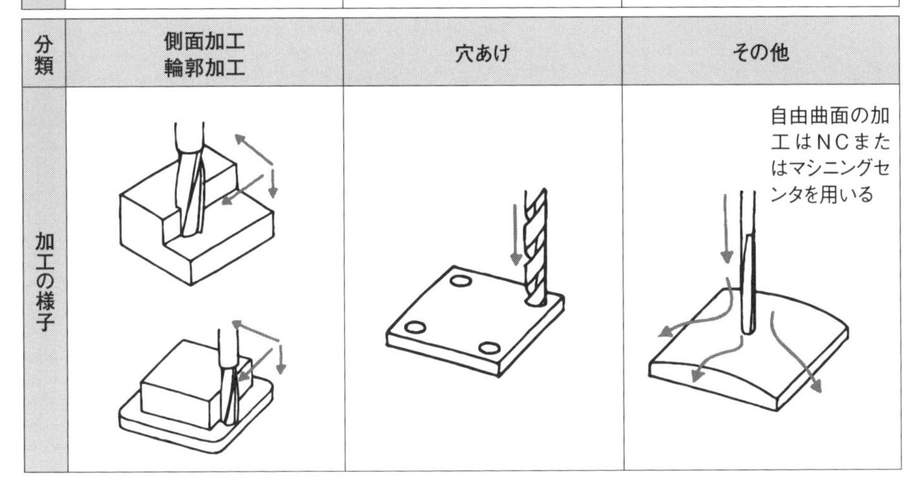

2. 汎用フライス盤の構成

一般的に「フライス加工」といえば、汎用立型（たてがた）フライス盤で加工するものと考えます（図2-1）。

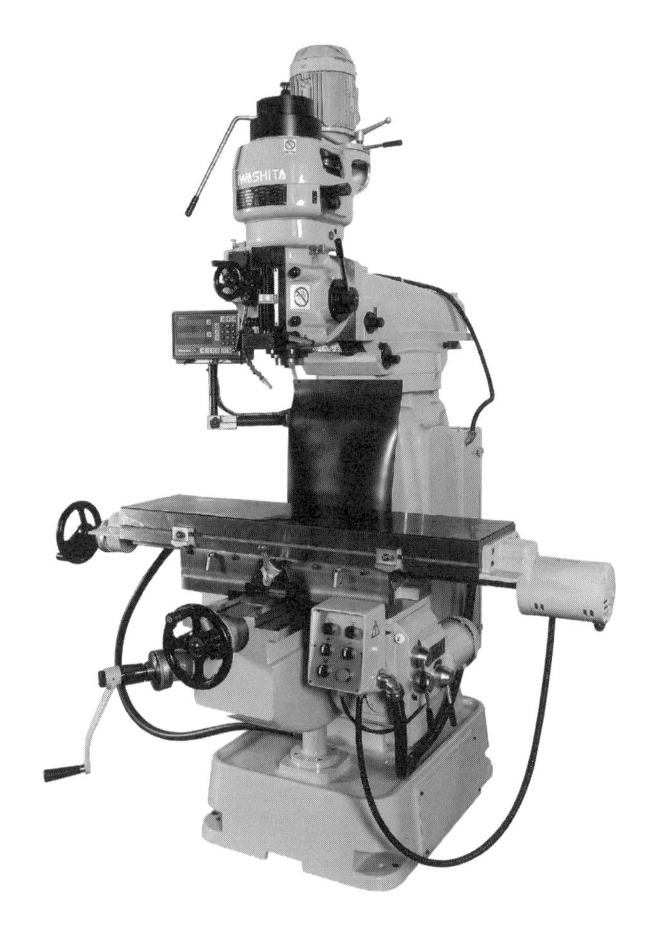

図2-1 汎用立型フライス盤（出典：株式会社イワシタ NK-1R）

立型フライス盤では、バイスで固定した加工物を、テーブルを左右に移動するX軸、前後に移動するY軸、上下移動のZ軸の、計3軸のハンドルを手動で操作しながら移動加工します。旋盤と比べて制御する軸が1軸多く3軸ありますから、加工精度は作業者の技能に加えて、機械固有の位置決め精度にも依存します（**図2-2**）。

作業者は、操作中のX・Y・Zそれぞれの移動量を、ハンドルの目盛りやリニアスケールの数値で確認しながら加工するので、旋盤よりも操作は複雑で、一定のトレーニングが必要です。

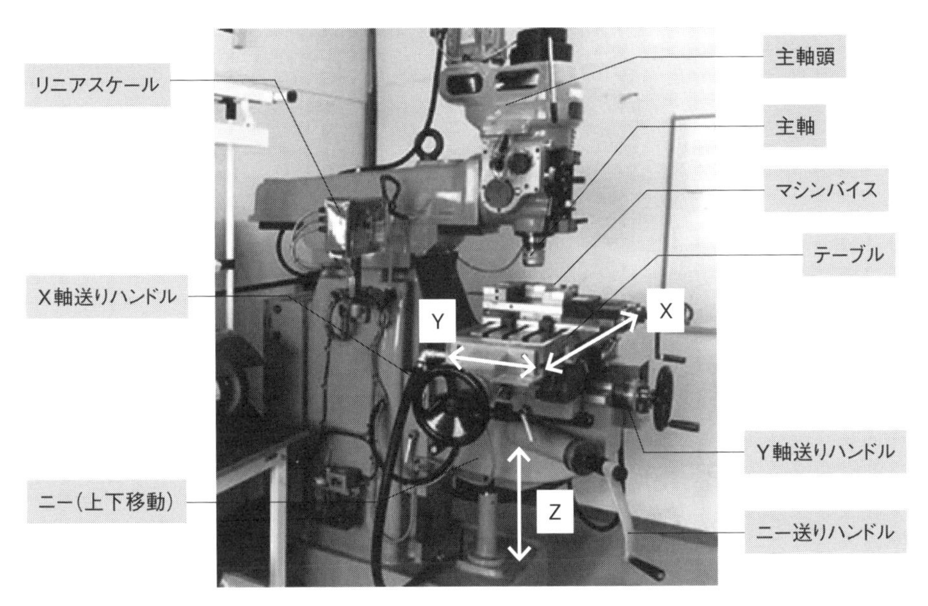

図2-2 汎用フライス盤の作業部構成

1）加工物の固定

加工物を固定するバイスとは、フライス盤のテーブルに取り付けて、2つの口金で挟んで締めつけてワークを固定する道具です（**図2-3**）。万力（まんりき）とも言います。

フライス盤では主に、a）のマシンバイスが使用されます。b）の旋回バイスは、下部に旋回台が設けられており、口金の方向を任意の角度に傾けることができます。その他、締め付けを油圧で行う油圧バイスもあります。

a）マシンバイス

b）旋回バイス

図2-3 代表的なバイス

2）バイスの構造と使い方

バイスの奥側の口金は固定されていて、手前側の口金を、ハンドルを回して奥へ移動させて締め付けます。ワークが小さい場合は、ブロックゲージなどの上に加工物を置いて締め付けます（**図2-4**）。

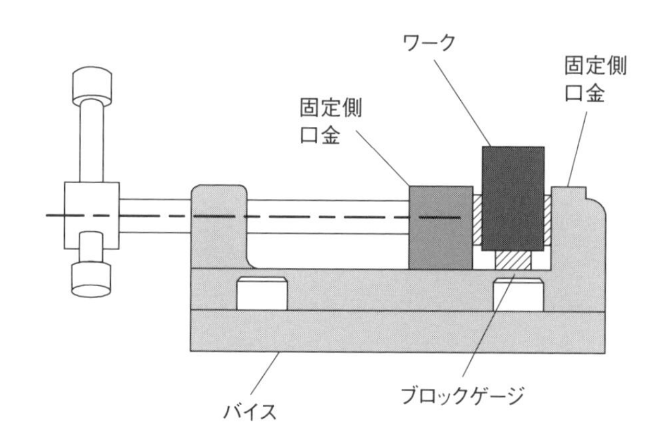

図2-4 バイスの構造と使い方

作業者は、テーブルの正面に立ち、可動側口金を操作するハンドルを回して、加工物を正面から締め込みます（**図2-5**）。

このとき、油圧式ではないねじ式のバイスでは、全体重をかけてでも強く締め付けようとしがちですが、締め付けは強いほど良いわけではありません。程度が過ぎると加工物に傷をつけるだけではなく、歪みを生じることもあり、これが精度に影響を及ぼします。逆に、締め付けが足りないと、加工中に加工物が動いて、下手をするとバイスから飛び出してしまって大変危険です。

バイスを使う際には、加工物の材質、板厚、硬さに応じた、適切な締め付けを行うように気をつけます。

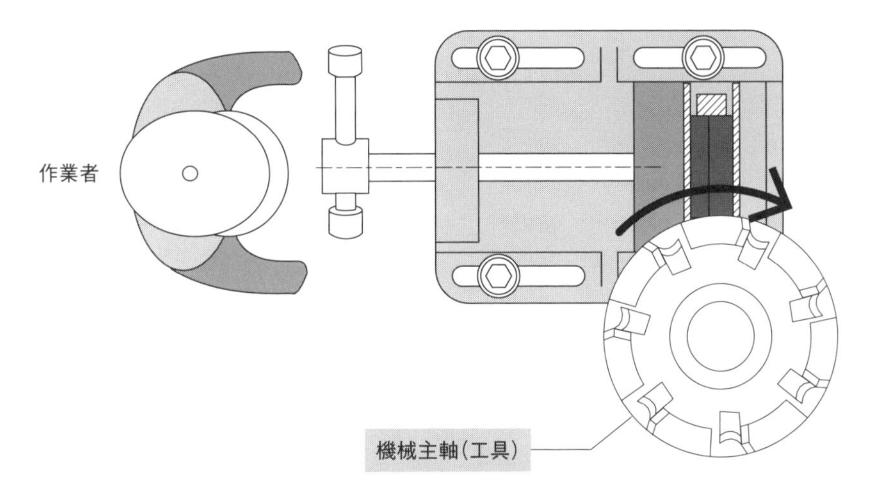

図2-5 作業者とバイスの位置関係（上から見た状態）

3. フライス加工に用いられる主な工具

フライス加工で使用される主な工具を示します（図2-6）。

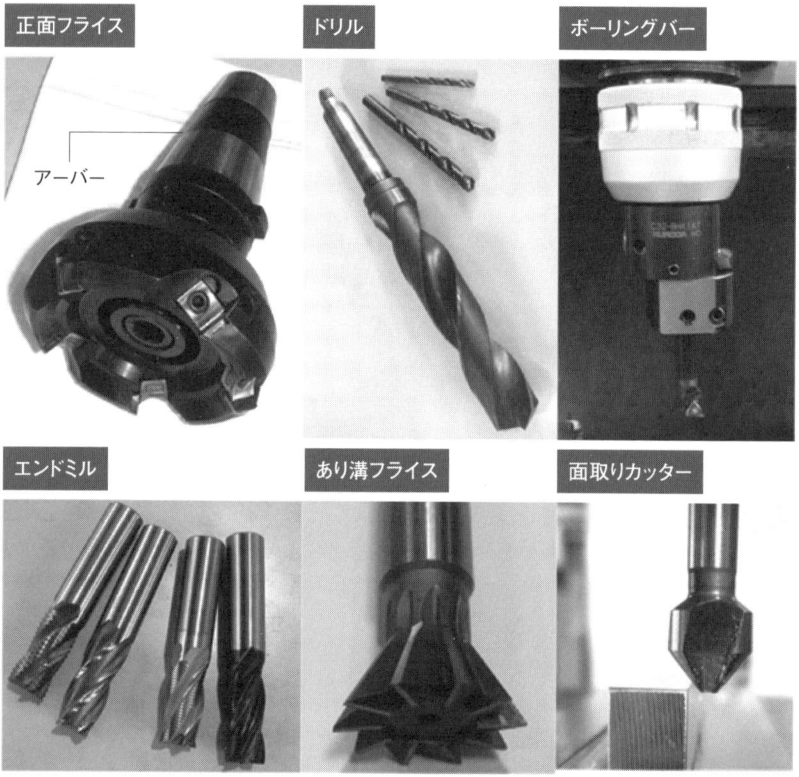

正面フライス

アーバー

ドリル

ボーリングバー

エンドミル

あり溝フライス

面取りカッター

正面フライス（フェイスミル、フルバックカッター）	ドリル	ボーリングバー
加工物の平面を削る工具。アーバと呼ばれる本体に、スローアウェイチップを取り付けて使う。	穴加工用の工具。	すでにあいている穴を広げ、真円度を整える内径加工専用工具。 スローアウェイチップを取り付けて使う。
エンドミル	**あり溝フライス**	**面取りカッター**
フライス盤加工で最も多用される。 底と外周に刃を持ち、溝加工、穴加工、外形加工などに対応する工具。	断面がハの字になる「あり溝」を作る工具。 あり溝の相手部品を「アリ」と言い、ねじれに強い摺動機構ができる。	加工物のエッジを面取りするための工具。

図2-6 フライス加工で使用される工具

4. エンドミルの刃形状の種類と特徴

フライス加工における主役級の工具である、エンドミルについて詳しく触れておきましょう。

エンドミルはドリルに見た目が似ていますが、ドリルは先端の刃で穴を開ける工具であるのに対して、エンドミルは先端だけでなく外周にも刃が付いていて、穴加工だけでなく、外形切削、溝切削、穴加工、曲面切削と、多種多様な形状加工に働きます。そのため、用途別にいろいろなものが用意されているので、刃の種類と特徴をまとめました（**表2-2**）。

選定の際には、前章の表1-5に記した工具の材質も合わせて検討し、加工物の材質と加工形状に合ったものを使用することになります。

表2-2 基本的なエンドミル形状

種類	スクエアエンドミル	ラフィングエンドミル	ボールエンドミル	ラジアスエンドミル	テーパエンドミル
形状					
特徴	一般的に普及しているエンドミル。ほぼ平坦な底刃を持つ。	波状の外周刃を持つエンドミル。切りくずの排出性に優れている。	刃の先端が球状のエンドミル。	底刃のエッジにRが付いているエンドミル。コーナー部の強度アップと高送りに適している。	円錐状のエンドミル。テーパ面の切削が可能。
用途	粗加工から最終仕上げまで 水平面、垂直面の溝加工、肩削りなど	粗加工 （仕上げ加工不可）	3次元形状（自由曲面）加工 R溝加工など	粗加工から中仕上げまで	金型の抜き勾配加工 リブ溝加工など

φ(@°▽°@) メモメモ

エンドミルの刃数と切削性能の関係

エンドミルの刃数には種類があります。近年では「3枚刃」「5枚刃」の奇数刃や、「6枚刃」「8枚刃」といった多刃も珍しくありませんが、一般的には、「2枚刃」と「4枚刃」がよく用いられます。刃数が少ないエンドミルはチップポケットが大きいので、切りくずの排出性が高くなります。そのため、2枚刃のエンドミルは、切りくずの排出性が求められる溝加工や穴あけに用いられます。刃数の多いエンドミルは、チップポケットが小さいため切りくずが詰まりやすく溝加工には不向きなので、側面加工や仕上げ切削に用いるのが基本です。

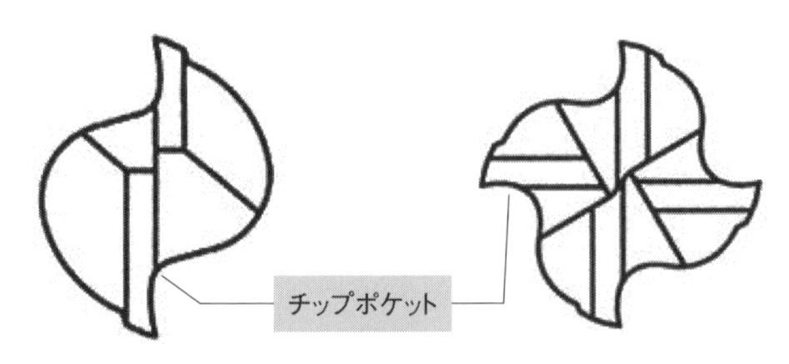

高硬度の材料を切削する場合は、剛性がある4枚刃以上の多刃がよく用いられます。2枚刃のようにチップポケットが大きいと、エンドミルの断面積が小さくなり剛性が落ちます。すると、切削中にエンドミルにたわみが生じて折れやすくなったり、幾何特性（平行度や直角度など）の悪化、切削面の荒れも出たりするからです。

ただし、刃数が多くなるにつれて逆に切削抵抗は高くなりますから、加工者は、切削する材料の硬さや必要とされる精度、機械剛性とのバランスを見て、適した刃数のエンドミルを選んで使い分けているのです。

設計目線で見る「どう選ぶ？加工に合ったコスパの良い切削工具」

フライス加工で用いる切削工具は、旋盤加工用の切削工具と違って、刃と被削材が接する面積が大きいです。そのため、切削抵抗で生じる摩擦熱による溶着を抑えたり、刃先の摩耗を軽減するなどの目的で、刃の表面にコーティングをしたものがあります。基本的にはノンコーティング品での切削でも大きな問題はないのですが、工具材質の使い分けに加えて、コーティング品を上手く使うことで工具寿命が伸び、加工コスト低減につながります。

まずハイスは、靭性が高く衝撃に強いので断続切削向きです。

超硬は、剛性が高く摩耗に強いので切削速度を上げたい加工に向いています。

切削速度を上げられるということは、超硬はハイスよりも加工時間を短くできるわけです。

工具価格だけに注目すればハイスの方がはるかに安価ですが、加工コスト全体の観点で比較すると、耐摩耗性に優れ加工時間を短縮できる超硬は、ハイスと比べて寿命が長いので、コストパフォーマンスは最良となります。

ところが、超硬はハイスに比べて脆いのが弱点で、被削材と加工条件によっては刃の欠損（チッピング）や工具折れを招くことがあります。そこで、刃にコーティングをすることによって、強度を高めて工具寿命を伸ばすことができます。

φ(@°▽°@) メモメモ

「ハイス」とは？

「ハイスピードスチール（高速度鋼）」と呼ばれる工具鋼の略称です。

5. コーティングの種類と特徴

よく用いられるコーティングの種類をまとめました（**表2-3**）。

適切なコーティングを選定するには、工具の価格だけではなく、各コーティングの特徴を知った上で、加工内容と被削材との相性を見極めることが重要です。

表2-3 よく用いられるコーティングの特徴

種類	TiN （窒化チタン）	TiAlN （窒化チタンアルミ）	DLC （ダイヤモンドライクカーボン）
特徴	金色のコーティング。 ハイスに多用される。 耐摩耗性に優れ、一般鋼向き。	黒紫色のコーティング。 耐熱性と耐酸化性に優れ、 高硬度材向き。	青みがかったコーティング。 高潤滑性なので溶着しやすい非鉄金属向き。
価格（目安）	ノンコーティング品に対し ＋600円程度。 ϕ16以上では+1,500円～	ノンコーティング品に対し ＋600円程度。 ϕ16以上では+1,500円～	ノンコーティング品に対し ＋1,800円程度。 ϕ16以上では+3,000円～

・選定例1:　SS400の溝切削に、ハイスTiNコーティング・スクエアエンドミル
・選定例2:　A1050の曲面切削に、超硬DLCコーティング・ボールエンドミル

設計目線で見る「汎用フライス盤は、なにが得意でなにが苦手なのか知りたい件」

汎用フライス盤は、面を挽く（ひく）、穴あけやザグリ加工、直線的な段差加工といった単純形状の一品物加工にはうってつけですが、不得手な形状が多々あります。その代表が、外側にRが付く形状の加工、つまり、円弧切削です。

これは、リニアスケールから目を離さないようにして、X軸とY軸のハンドルを同時に操作して円弧を描くように動かさなければいけないので、ベテラン作業者でも難易度高めの加工になります。

内側にRが付く形状は、必要なRに合わせた直径の工具を使って直線の軌跡を描けばよいので、特に問題はありません（**図2-7**）。

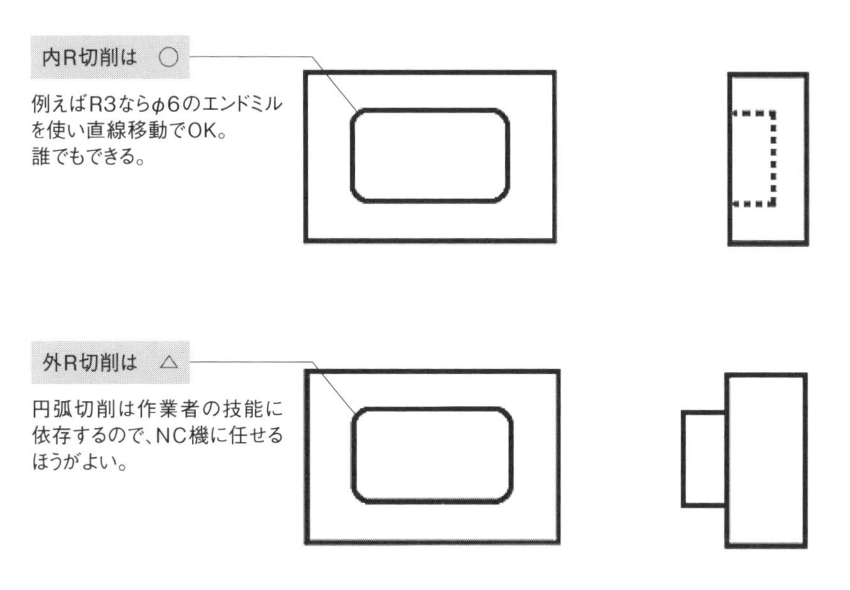

図2-7 汎用フライス盤の得手不得手

設計目線で見る「汎用フライス盤にどこまで寸法精度を求められるの？」

1. 特に必要でない箇所は、普通公差に設定した方が加工しやすくコストも上がりません。
2. 板物部品を重ねて軸で固定するような製品は、はめあい公差を要求することになるので、NC機による円周切削や、ボーリングバーなどで加工します。
3. 一般的な加工で出せる寸法精度の限度は、汎用旋盤加工と同じく1/100mm程度。1/1000mm台の加工精度は狙い値となり、精度の保証は難しくなります。

設計目線で見るNCフライス加工

NCフライス加工とは

NCフライス加工とは、汎用フライス盤の、X,Y,Zの3軸それぞれにサーボモータを付けて人力の代替とし、その移動量や送り速さなどの制御を、コンピュータが行いながら加工することである。NCフライス盤に自動工具交換装置を付けたものが、マシニングセンタである。

NCフライス盤では、汎用フライス盤では難しい外R形状や自由曲面が加工できます。また、作業者の手を離れて加工が進むので、技能の差の影響を受けることなく、数物もバラつきを抑えて加工できます。ただし、加工プログラムの作成費用が加工費に加わるので、単品加工では割高になります。

それでは、様々なNCフライス盤の構造や特徴を確認していきましょう。

1. NCフライス盤
2. 3軸マシニングセンタ
3. 5軸マシニングセンタ
4. 量産向け横型マシニングセンタ

1. NCフライス盤

汎用フライス盤にNC装置が付いただけの工作機械が「NCフライス盤」です（図2-8）。

NCフライス盤では工具の交換を手作業で行うため、1つの加工面で連続して同一工具を使う加工単位での、小分けしたプログラムを作成することになります。

図2-8 立形NCフライス盤
（出典：株式会社牧野フライス製作所 AE-85）

2. 3軸マシニングセンタ

NCフライス盤にATC（Automatic Tool Changer：自動工具交換装置）を備えた工作機械がマシニングセンタで、主流は立型の3軸制御です（**図2-9**）。

ATCによって、加工の進行に合わせて工具が自動的に交換されるので、加工時間の短縮ができます。ただし、加工面の入れ替えは作業者が行います。

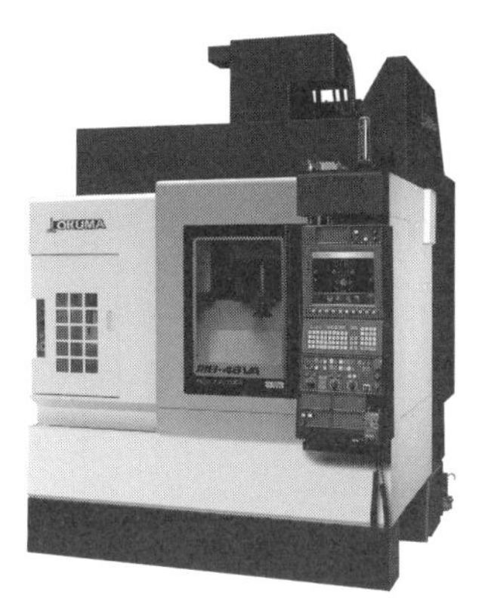

図2-9 立型3軸マシニングセンタ（出典：オークマ株式会社 MB-46VA）

ATCには、チェンジャーアームによって工具を交換するマガジン式と、回転するドラム状のツールポットに工具を装着して、ツールポットを回転させて工具を交換するタレット式があります（**図2-10**）。

図2-10 タレット式自動工具交換装置（写真提供：MASUYAMA-MFG）

3. 5軸マシニングセンタ

近年、より複雑な3次元形状の削り出しにも対応できる、5軸マシニングセンタの普及がどんどん進んでいます。

一般的に、3軸マシニングセンタでは、複数の面を加工する際に加工面の入れ替えを手作業で行います。これが段取り替えになります。

段取り替えでは加工物の脱着に時間がかかる上、形状によっては、加工が進行するうちにチャッキングを補助する治具が必要になってくるといった問題が出てきます。

最小限の段取り替え数で多面加工ができる機械ならこんな心配はなくなるわけで、そこで注目したいのが5軸マシニングセンタです（**図2-11**）。

これは、X、Y、Zの3軸に加えて、A、B、Cの回転軸のうちの、いずれか2軸の組み合わせを追加したものです。

【A軸】X軸を中心として回転する軸
【B軸】Y軸を中心として回転する軸
【C軸】Z軸を中心として回転する軸

図2-11 立型5軸マシニングセンタ
（出典：DMG森精機株式会社 DMU50 3rd Generation）

5軸マシニングセンタのメリットは段取り替えの合理化だけでなく、回転軸があることで、3軸の直線移動だけではできなかった形状の加工ができることです。これには、「割り出し加工」と「同時制御加工」の2種類があります。

割り出し加工は、回転軸を使って加工に必要な角度を割り出しておいて、それに交差する3軸（X、Y、Z）を動かして切削するやり方です。

もうひとつの同時制御加工は、回転軸の回転角度とそれに交差する3軸の計5軸を、同時に制御して切削するやり方です（**図2-12**）。

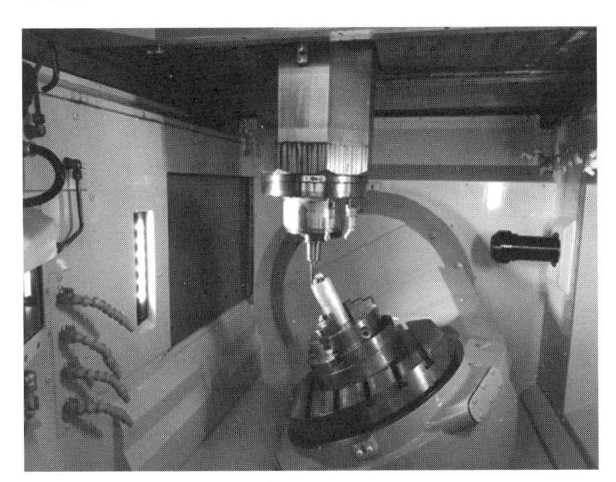

図2-12 5軸同時制御加工の様子

5軸同時制御加工は、ひねりのある自由曲面を持つインペラー（**図2-13**）などの、複雑形状の部品加工に大活躍します。

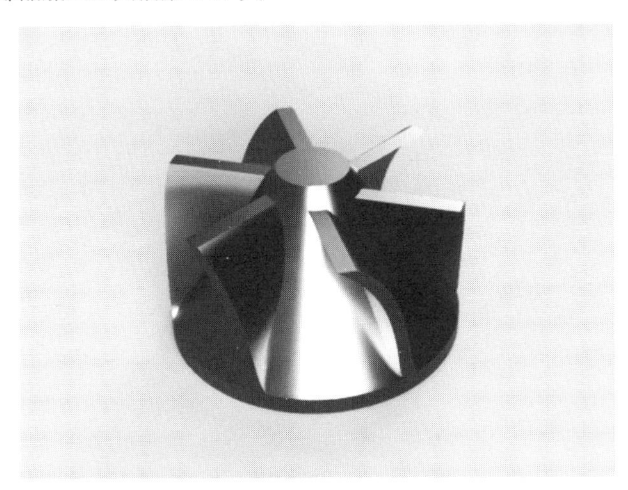

図2-13 インペラー加工イメージ（CG）

4. 量産向け横型マシニングセンタ

水平な主軸を持ち、ワークを側面から加工する横型マシニングセンタには、加工物を自動交換する「パレットチェンジャー」が装着できるので、連続稼働による量産部品の加工に最適です。

一例として、5軸同時制御の横型マシニングセンタ&ロボットシステムの全容を示します（**図2-14**）。このシステムによって、多面加工や高精度な三次元形状の部品切削を、完全自動運転で行うことができます。

指先でつまめるくらいの小さな部品の加工には3軸マシニングセンタを使い、複雑かつ高精度を要求される数物の加工には、この5軸同時加工ロボットシステムを、という使い分けによって、試作や多品種小ロットから量産までを、合理的に行うことができます。

図2-14 横型5軸マシニングセンタ&ロボットシステム

設計目線で見る「フライス加工で出せる表面粗さはどのくらいなのか知りたい件」

加工コストの低減を考慮したフライス加工の部品を設計するには、加工のしやすさと合わせて、汎用フライス盤で作るか、NCフライス盤またはマシニングセンタで作るか、どれが経済的かも考えて形状を決めていくとよいです。さらに、「どの面から削ってどの面で加工を終えるか」や、「どの面を基準にして測定するか」など、実際の加工順序をイメージしながら形状設計を進めていくと、表面粗さやサイズ公差、幾何公差も決めやすくなります。

フライス加工は、高速回転する刃を材料に当てて移動させながら削るため、旋盤加工に比べて高い表面粗さを要求しにくいと言えます。

以下に、フライス加工で狙える表面粗さの目安を示すので、参考にしてください(**表2-4**)。

表2-4 フライス加工で得られる表面粗さ

<table>
<tr><th colspan="2">加工方法</th><th colspan="14">表面粗さ(Ra,Rz,旧仕上げ記号)</th></tr>
<tr><td rowspan="3">名称</td><td rowspan="3">記号</td><td>Rz</td><td>200</td><td>100</td><td>50</td><td>25</td><td>12.5</td><td>6.3</td><td>3.2</td><td>1.6</td><td>0.8</td><td>0.4</td><td>0.2</td><td>0.1</td><td>0.05</td></tr>
<tr><td>Ra</td><td>50</td><td>25</td><td>12.5</td><td>6.3</td><td>3.2</td><td>1.6</td><td>0.8</td><td>0.4</td><td>0.2</td><td>0.1</td><td>0.05</td><td>0.025</td><td>0.012</td></tr>
<tr><td>旧</td><td>～</td><td colspan="2">▽</td><td colspan="2">▽▽</td><td colspan="3">▽▽▽</td><td colspan="4">▽▽▽▽</td></tr>
<tr><td>フライス削り(M)</td><td colspan="2">Milling</td><td></td><td></td><td></td><td></td><td></td><td></td><td></td><td></td><td></td><td></td><td></td><td></td><td></td></tr>
</table>

■一般的に得られる粗さ　□特別条件による粗さ

設計目線で見る「機械と工具の知識がにじみ出る…フライス加工品の製図ポイント」

設計者として気をつけるべきポイントについて確認しましょう。

1) 理想的な投影図
2) 相手部品に応じたポケットの内角の処理
3) エンドミルの刃長に合わせた溝の深さ考慮
4) コストを抑えたポケット形状
5) タップ深さの加工限界と下穴深さの求め方
6) 母性原理と加工精度
7) 工作機械の分解能

1）理想的な投影図

フライス加工品も、加工作業の現実に適した見やすい図面を描くことに努めましょう。

フライス加工の特徴は、まず、「正面のバイスで加工物を固定して、その上方で回転する工具を加工物に接触させて削る」ですから、加工する面は常に上を向いていることになります。そして、加工物の前後の移動はY軸。左右の移動がX軸となり、これは加工テーブルを上面から見た時の座標軸と同じです（**図2-15**）。

テーブルの各軸の移動方向は切削方向と同じですから、それに合わせた向きで投影図を配置することで、加工イメージがしやすい図面となります。

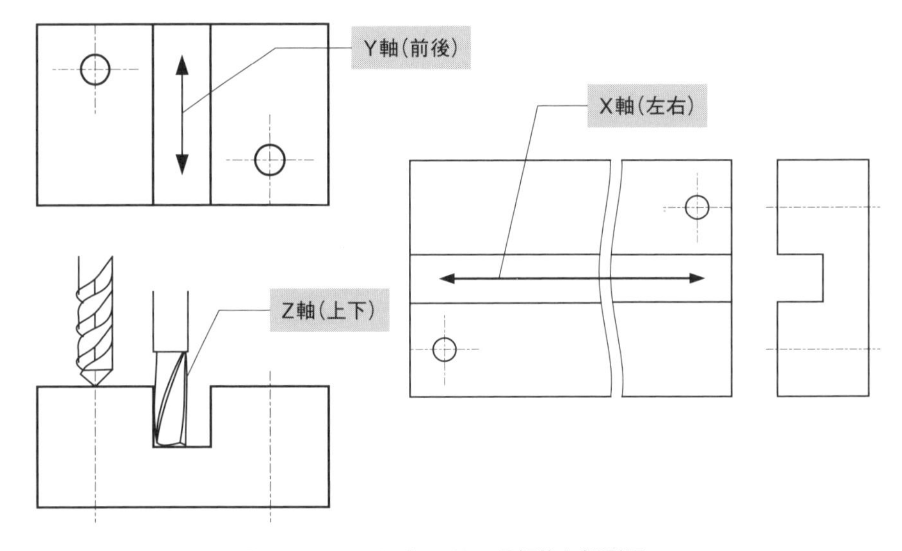

図2-15 フライス加工品の理想的な投影図

2）相手部品に応じたポケットの内角の処理

フライス加工では、ポケットの内角には工具径相当のRがつくことが避けられませんが、直角の角を持つ相手物をはめ込む治具などでは、その機能上、「内R不可」を求めることがあります。

その場合、各穴の隅部からはみ出た「逃がし」を設けた形状にすることで、相手物をはめ込むことができます。これはフライス加工だけで対応できるので、余計なコストを抑えた対策と言えます。（図2-16）

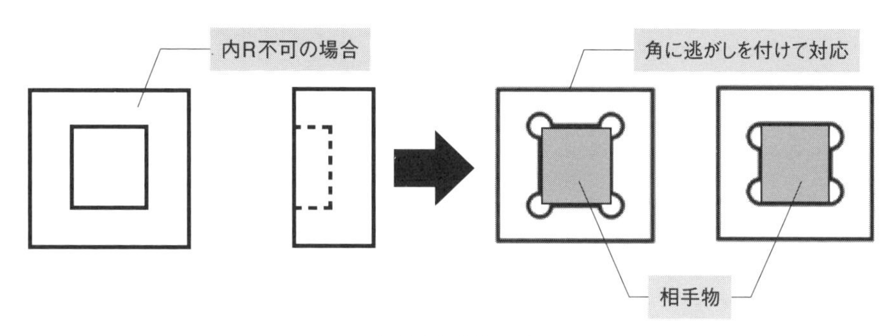

図2-16 隅に逃がしを付ける

3）エンドミルの刃長に合わせた溝の深さ考慮

エンドミルの選定では、特に深い溝加工や外形加工の際は刃長にも注意して、削り終えるまでの間に軸部（シャンク）が干渉しないエンドミルを選ぶ必要があります。

もし、適したエンドミルが見つからない場合は、次の2通りの対策案が考えられます（**図2-17**）。

・シャンク部が干渉しない溝の深さを検討する。

・加工側でシャンク部を細く削る。

（ただし、工具刃の剛性が低くなって、幾何特性（平行度や直角度など）に悪影響が出る可能性がある。）

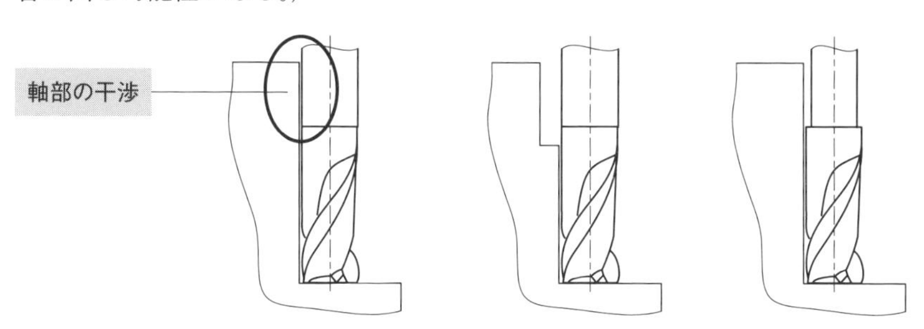

図2-17 刃長に合わせた溝の深さ考慮

4）コストを抑えたポケット形状

図2-18 a)、b)、c)、d）は、どれもRが連続する、やや複雑な形状のポケットを持つ部品です。

a)は、すべての隅Rが同一サイズなので汎用フライス盤で加工ができます。

b)は、隅部のエッジを要求しているので切削加工不可と判断されます。

c）は、隅Rのサイズが不揃いなため円弧移動が楽にできるNCフライス盤で加工することになります。

d）は、すべての隅Rは同一サイズとしていますが、角Rが存在するため、円弧移動が楽にできるNCフライス盤で加工することになります。

c）とd）は、NC機で加工をすることから加工プログラム作成のコストが上乗せされます。

隅Rのサイズを統一することで支障があるならともかく、汎用機が使えることからコストを抑えることができる、a）のタイプで形状検討するとよいでしょう。

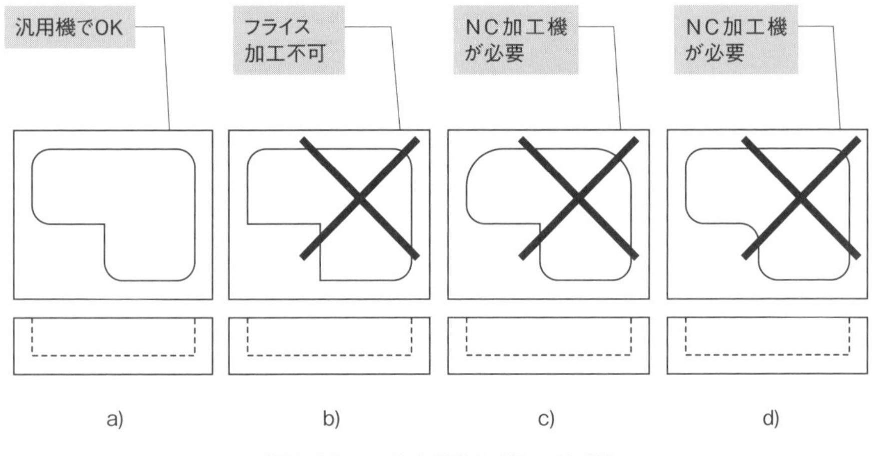

図2-18 コストを抑えたポケット形状

5）タップ深さの加工限界と下穴深さの求め方

現場では一般的に「タップの加工深さは、タップ径(M径)×2.5倍が限界」とされています。例えば、M6のタップを切るとしたら、6×2.5＝15mmが加工深さの限界ということです。思ったよりも浅くて心配になるかもしれませんが、無駄に深いタップ加工は、加工費だけでなく加工中の工具の破損率も上げることに加えて、ねじ締め工数の増加につながってしまいます。

ナットの厚みを確認すればわかりますが、実際にはタップ径×1.5程度の深さがあれば強度は十分確保できますから、それを目安に下穴深さとタップのねじ山有効深さを決めます。

タップ下穴の深さは、ねじ山有効深さ+（タップピッチ×2.5）を目安に計算します。M6×10のタップを切る場合、M6の並目ピッチは1.0ですから、下穴深さは、10＋（1.0×2.5）＝12.5mmとなります。下穴を貫通させたくない場合は、タップの有効深さは短めに設計します（**図2-19**）。

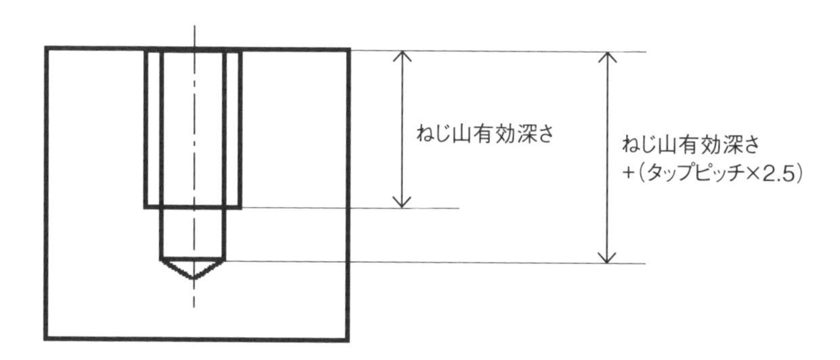

図2-19 タップの下穴深さの求め方

6）母性原理と加工精度

機械部品を製作する工作機械は、「機械を生み出す機械」として「マザーマシン」と呼ばれます。そして、工作機械は、自身が持つ運動精度を超える製品・部品（形状精度）を生むことができないという基本原理があり、これを「母性原理」と言います。

言い換えると、優れた運動性能を持つ工作機械を使えば、加工精度の高いものが作れるということになります。

優れた運動精度の条件を列記します。

① 各軸のガタ（バックラッシュ）が小さい
② 軸の直交度が高い
③ 加工テーブルの平面度が高い
④ 高い分解能

7）工作機械の分解能

分解能とは、工作機械の各軸を制御する指令値の、最小ステップ値（識別できる2点間距離）のことです。例えば、寸法公差が「±0.005mm（5ミクロン）」と指定されているものを作るのに、分解能が5ミクロンの工作機械ではどうでしょうか。数字だけ見れば問題なく加工できそうに思えますが、実際は能力的にギリギリで余裕がありません。それでも、10個作ってみたら1個とか2個のレベルで、まれに狙った公差に収まるものができるでしょうが、それでは安定した量産加工には不向きということになります。

分解能を機械の種類で見ていくと、手動で操作する汎用機は得てして分解能が低く、しかも作業者の技能次第で精度がバラツキます。一方、NC機では、各軸の移動をコンピュータで制御できるので、分解能が高く、高精度な加工が安定的にできます。

■D(￣ー￣*)コーヒーブレイク

部品加工は部品加工専門工場へ依頼すべし

部品加工を本業としない金型メーカーやセットメーカーでも、当たり前のように旋盤やフライス盤を備えています。ただそれは、あくまでも金型製作のためであったり、組み立て作業に必要な部品を自社で製作したり、支給部品に追加工をするといった、内々の目的で所有しているものです。もちろん部品加工の知識はお持ちですが、それは金型メーカー、セットメーカーという本業の立ち位置でのものということです。部品加工専門の工場とは、持っている加工ノウハウの質と量が違います。

「餅は餅屋」と言われるように、相応の工場を探して加工を依頼するようにしましょう。

第3章

小ワザが光る！「その他の加工」

旋盤加工、フライス加工には分類されないものの、部品加工には欠かせない切削加工がある。このうち、穴加工に特化した「ボール盤加工」、キー溝加工や内径を総型切削する「ブローチ加工」、歯車を切削加工する「歯切り加工」を説明する。

第3章 1

設計目線で見るボール盤加工

ボール盤加工とは

ボール盤加工とは、「ボール盤」という工作機械を用いて、ドリルやリーマを使って穴加工を行う切削加工である。

ボール盤には、工作台の上に載せて使う卓上ボール盤、床に接地する直立ボール盤、ヘッド部分が水平に動くラジアルボール盤、一度に複数の穴加工が行える多軸ボール盤などがあり、加工内容に応じて使い分ける。

ボール盤は、加工物に穴を開けたり、穴の精度を上げたりといった、穴加工に特化した工作機械です。旋盤やフライス盤を見たことがなくても、ボール盤なら見たことがある、あるいは学校で使ったことがあるという人も多いことでしょう。そのくらい、広く普及している汎用性の高い機械です。

それでは、ボール盤加工の特徴を確認しましょう。

1. ボール盤の種類
2. ボール盤の構造

1. ボール盤の種類

1）直立ボール盤・卓上ボール盤

加工現場に設置されているボール盤の様子を示します（**図3-1**）。

床に据え付けられた機体は直立ボール盤（スタンドアロンとも言います）で、その横に並ぶ小型の機体が卓上ボール盤です。どちらも、台状のテーブルに加工物を乗せ、回転する主軸の先端に取り付けた工具を回転させ、加工物に接触させながら上下に動かして、穴加工を行う仕組みです。

直立ボール盤、卓上ボール盤では、加工物を移動させて、穴あけ箇所の中心を工具の中心に合わせて加工をします。卓上ボール盤で使えるドリルはϕ13までですが、直立ボール盤では、それ以上の径のドリルを使うことができます。

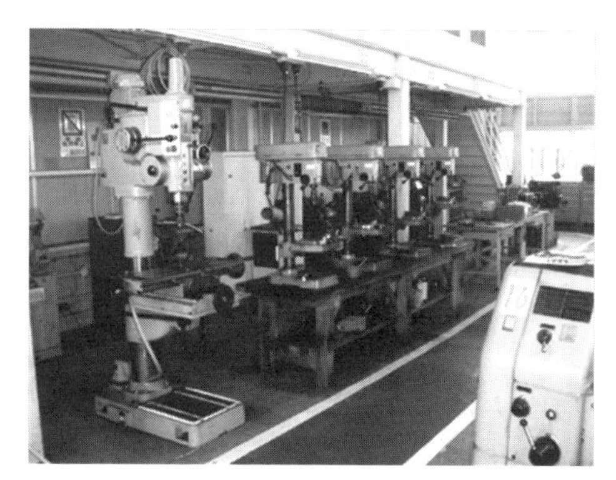

図3-1 直立ボール盤（手前）と卓上ボール盤（奥側）

2）ラジアルボール盤

ラジアルボール盤は、主軸頭が、アームに沿ってラジアル方向（円弧方向）に回転できるタイプのボール盤です。主軸が前後・左右・上下に移動できるため、加工物を移動させずに穴加工ができます。そのため、大型の加工物に適しています（**図3-2**）。

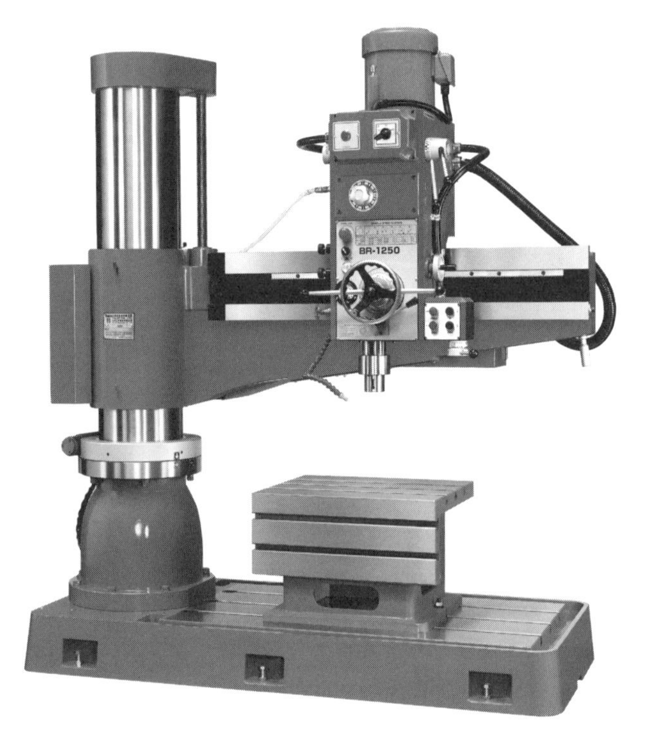

図3-2　ラジアルボール盤　（出典：大鳥機工株式会社　BR-1250）

φ(@°▽°@)　メモメモ

タップ加工ができるタッピングボール盤

卓上ボール盤の機能にタッピング機能を持たせた工作機械が、タッピングボール盤です。タッピングボール盤は、正回転と逆回転の切り替えがスイッチで行えるので、タップでねじ切りを行った後に逆転させて、タップを抜き取ることができます。

卓上ボール盤を改造して、タッピング機能を持たせたものを使用している加工工場もありますが、初めからタッピングボール盤として設計製造されたものの方が、ねじ加工の正確性は高くなります。

3）多軸ボール盤

多軸ボール盤の名称どおり、主軸を何本も持つボール盤です。このタイプは、一回の操作で同時に複数の穴をあけることができます（**図3-3**）。

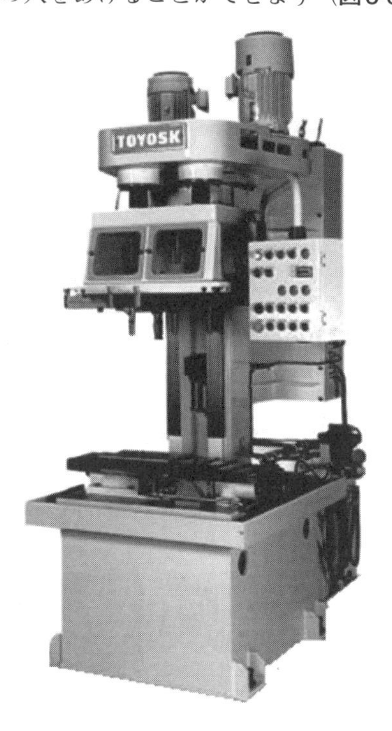

図3-3 多軸ボール盤 （出典：東洋精機工業株式会社　MU300）

2. ボール盤の構造

卓上ボール盤の構造を示します（**図3-4**）。

ベースに垂直に立つ柱をコラムと呼び、その先に主軸頭があります。主軸の先端には工具を保持するドリルチャックが付き、主軸の回転を工具に伝える構造です。

ボール盤の主軸回転方向は「右回転」と決まっていて、逆回転できる設計にはなっていません。さらに言えば、ドリルチャックも逆回転できるようには作られていませんし、正回転→停止→逆回転の切り替えスイッチもありません。

加工物の固定にはフライス盤と同様にバイスを用いますが、卓上ボール盤では、テーブルにバイスを固定せずに使います。バイスをテーブルに固定してしまうと、加工物の位置が決まってしまい、工具の中心と穴をあけたい箇所の中心を、一致させることができないからです。

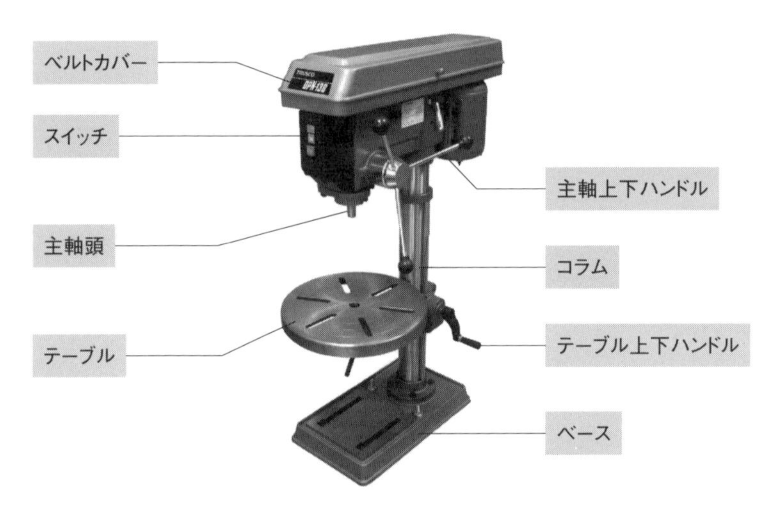

図3-4 卓上ボール盤の構造 （出典：トラスコ中山株式会社　DPN-13B）

ボール盤で使用される刃物の種類を知りましょう。

1. ドリル（キリ）
2. リーマ

1）ドリル（キリ）

① 刃先角度

ボール盤での穴あけに用いられる、標準ドリルの刃先形状を示します（**図3-5**）。ドリルには、エンドミルのように外周に刃は付いていません。刃は先端のみに付いています。

ドリルは、ねじる力（トルク）と先に進む力（スラスト力）の両方で加工物を削っていきますが、先端の118°という角度は、この2つの力のバランスが最も良いとされている角度です。

ただし、118°の刃先は力のバランス重視なので、加工効率は良い反面、穴の内面は平滑ではなく、寸法もドリル径より0.1〜0.15ｍｍほど大きくなってしまうといった、精度の低さが難点です。

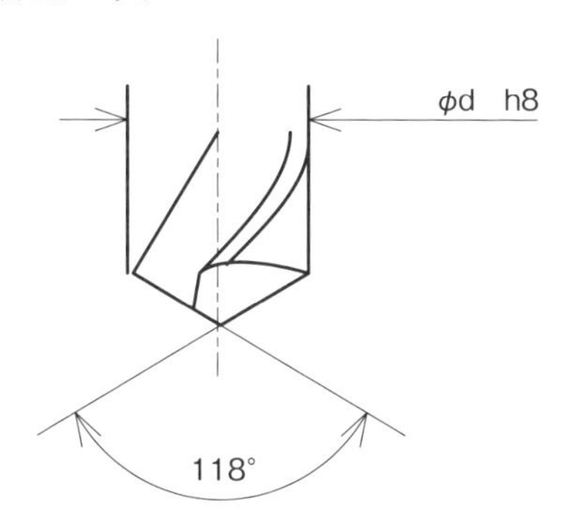

図3-5 一般的なドリルの刃形状

近年は120°や130°の先端角を持つドリルが増えました。これは、ドリルの材質と刃先形状が進化していて、少ないトルクでも削り進むことができるようになったためです。その結果、被削材や加工の条件によって、ドリルのみの穴加工でも、精度の高い仕上がりが得られることもありますが、正確な寸法で穴あけを行うには、ドリル加工で下穴をあけた後に、リーマ加工を行うほうが安心です。

設計目線で見る「刃物の形を理解して形状設計しなければいけない件」

部品形状を設計する際、止まり穴を指示する場合があります。この時、穴の底面をフラットなままで製図をすると、加工者はフラットな形状を確保するためにエンドミル（第2章を参照）を使わなければならず、ドリル加工に比べて加工効率が悪くなり、その結果、コストアップになります。

通常、止まり穴の底部に機能をもたせることはほとんどありませんので、穴の底部にはドリル先端角度の118°（製図上は120°でも可）で投影形状を描くことを忘れないようにしましょう。

② 軸（シャンク）の種類

ドリルの軸には、ストレートシャンクとテーパシャンクの2種類があります。

φ1〜φ13はドリルチャックで咥えられるストレートシャンク、それ以上の直径はテーパシャンクとなります。

ドリル径が大きくなるにつれて、切削負荷と振れも大きくなるので、ホールド性に優れ、回転中の振れが少ないテーパシャンクドリルを用いるようになるのです（**表3-1**）。

表3-1 ボール盤で使用するドリルサイズ

ドリル径	1〜2	2〜13	13〜
（φ）	0.05刻み	0.1刻み	0.5刻み
シャンク形状			

設計目線で見る「刃物・工具を指定して図面指示できる件」

製図の際に、ドリル加工を指定して寸法を記入する場合は、「6キリ」と指示します。

海外向けに英語で製図する場合には「φ6 DRILLING」や「φ6 DRILLED HOLE」のように指示すればよいでしょう。

同様に、次項で説明するリーマ加工を指定して寸法を記入する場合は、「6リーマ」と指示します。

海外向けに英語で製図する場合には「φ6 REAMING」や「φ6 REAMER HOLE」のように指示すればよいでしょう。

2) リーマ

一般的なリーマの刃形状を示します（**図3-6**）。

リーマ加工とは、ドリルによる穴加工に寸法精度を与えて、よりよい真円度や表面粗さを得る加工のことです。そしてそこで使用する工具がリーマです。

リーマの仕上げ精度はH7～H9とされていて、要求精度によって、粗加工と仕上げ加工の2回リーマを通すこともあります。

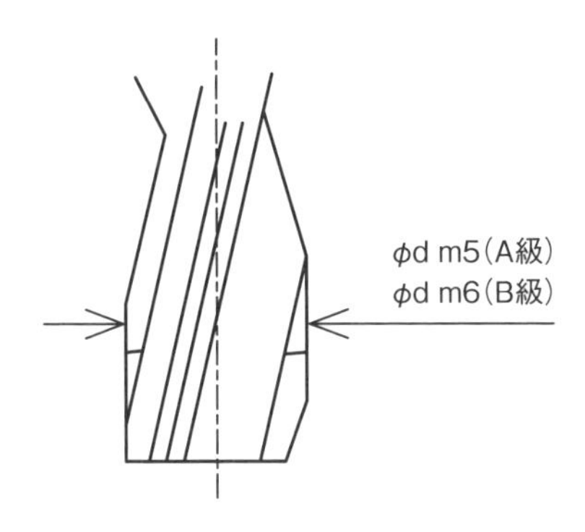

図3-6 一般的なリーマの刃形状

リーマには、機能別に、直刃（ストレート）、ねじれ刃（スパイラル、ブローチ）の種類があり、被削材や目的に応じて、使い分けることができます（**表3-2**）。

表3-2 よく使われるリーマの種類と特徴

ストレートリーマ	スパイラルリーマ	ブローチリーマ
直線の刃を持つ。 そのため切りくずの排出能力が低く、1枚の刃が断続的に穴を削るので、切削時にビビリを発生しやすい。 工具コストは低い。	右ねじれのゆるい螺旋状の刃を持つ。 切りくずが穴の入口に向かって押し返され、刃がワークに直角に当たり食い込み勝手に働くことから、左ねじれに比べて大きな切削力が得られる。 切りくずの排出性が良いので、長い切りくずが出る被削材の貫通穴に適している。	左ねじれのきつい螺旋状の刃を持つ。 切りくずが穴の出口に向かって押し出されるので、切りくずが刃の間にたまらない利点がある。 切削抵抗が少ないので、回転数を上げてもビビリにくく、加工効率は良い。 工具コストは高い。

設計目線で見る「たかが穴加工されど穴加工。賢い設計のポイントが知りたい件」

ボール盤加工でドリル穴を交差させて流路を作る場合、穴の直交時に貫通を許さない形状で図面を描いたとします（**図3-7** a)。すると現場では、「①の穴をあけてから②または③の穴を開ける」というように、加工に順序ができます。そうしなければ、①の穴にそりが出てしまうからです。このように、加工順の制約が起きるとコストアップになります。

それぞれの穴の直交時の貫通を許す形状で図面を描けば、どの穴からあけてもよいので現場は加工がしやすくなり、コストへの影響もなくなります（図3-7 b)。

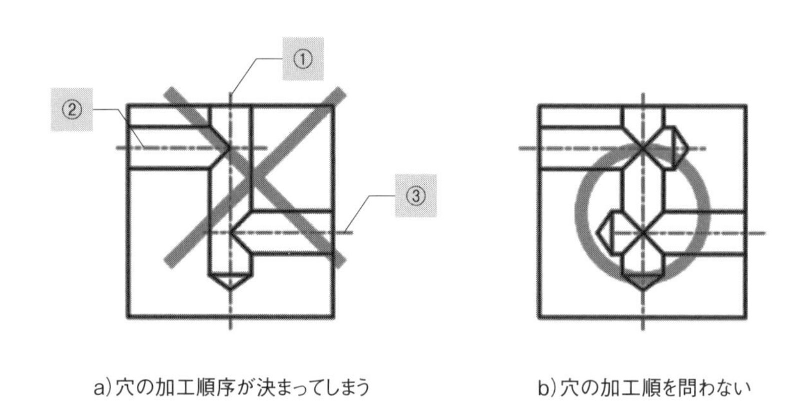

図3-7 複数交差するドリル穴の設計注意点

傾斜面への穴あけでは、加工面に対して刃先は斜めから接触するので、穴をまっすぐに開けることができません。このようなときは、ドリルの侵入面にざぐりを入れて、ドリルが平面に侵入できるような工夫をします（**図3-8**）。

こうした工夫は現場が独断でやることではないので、設計者が図面に形状を描いて指示するようにします。

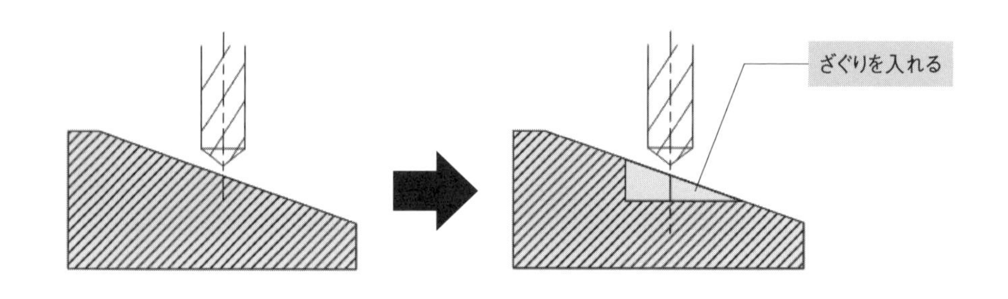

図3-8 傾斜面の穴あけ

設計目線で見る「穴加工にはいろいろと限界がある件（1）」

一般的には、穴径の８倍程度の深さまでであれば精度に支障なく加工できますが、無理な深穴は、加工途中で穴が曲がったり径が広がったりするため、高精度な穴ではなくなります（**図3-9**）。

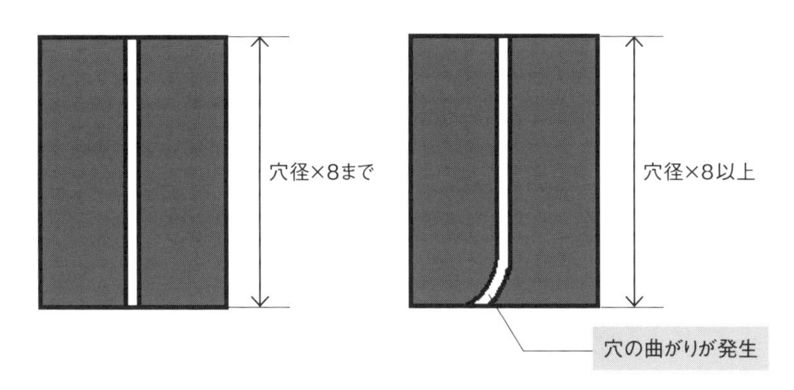

図3-9 穴径に対する穴深さの限界

部品の機能上、どうしても穴径の8倍以上の深さが必要な場合は、加工物の両端から半分ずつ穴加工する方法があります。（現場用語でトンボと言います。P30参照。）

この場合、同軸度のずれによって穴の中央に段差が生じるので、高精度な穴加工には不向きです。

加工コストの上乗せが許されるのであれば、直進性の高い特殊なドリル（ガンドリル）や、細穴放電加工を検討しますが、形状面からの検討として、穴径を大きくするとか寸法精度を緩和するといった工夫も必要です。

設計目線で見る「穴加工にはいろいろと限界がある件（2）」

金属部品の端部に後から穴を加工する場合、工具メーカーの技術情報では、穴の大きさに対する最小肉厚が決まっているので知っておきましょう（**図3-10、表3-3**）。

ただし、深穴の場合は穴の曲がりが予想されるため、さらに肉厚（t）を増やす必要があります。

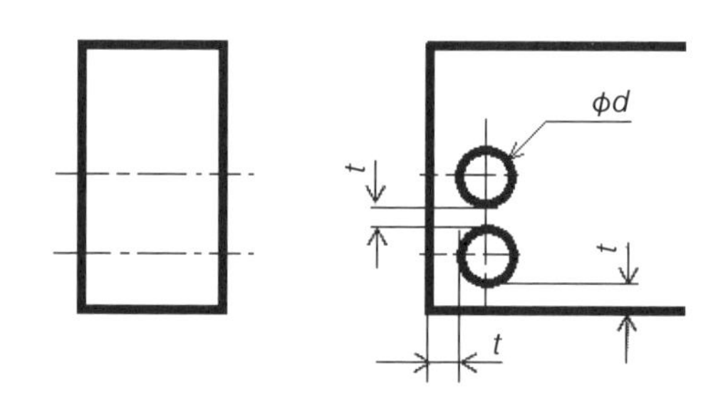

図3-10 端部に近い穴の最小肉厚

表3-3 端部に近い穴の最小肉厚

穴のサイズ*d*	φ2～φ5	φ6～φ12	φ14～φ24	φ26～φ30
最小肉厚*t*	0.8	1	1.5	2

場合によって、どうしても加工物の端部に極めて近い部分に穴を開けたい場合があります。しかし、加工反力によって薄肉部に応力がかかり、ドリルが加工物の端部から突き出すおそれがあります（**図3-11**）。

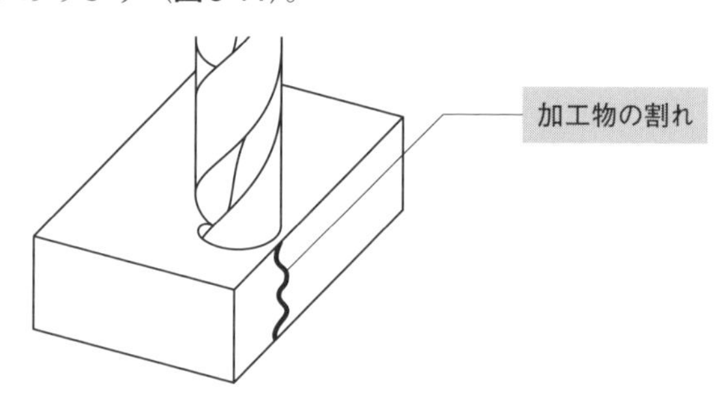

図3-11　材料端部に近い位置への穴あけ

対策としては次が挙げられますが、②の方法では加工コストが大きくかさむので注意しましょう。

① 穴を先に開けてから エンドミルで端面加工する

② 放電加工など、非接触の加工方法を使う

第3章　2

設計目線で見るブローチ加工

ブローチ加工とは

ブローチ加工とは、ブローチ盤という工作機械を用いて、ブローチと呼ばれる切削工具を加工物に挿入し、引き抜くことによって、所定の形状と所定の寸法に仕上げる加工方法である。

ブローチは、長尺の軸に複数の切刃が付いた総形の切削工具で、仕上がり部分の寸法は使用したブローチとほぼ同じとなるため、他の切削加工法よりも、高精度に、かつ早く仕上げられる特徴がある。

ブローチ加工は、ひとつの工具で複数の形状の加工が一度に行える加工と言えます。

旋削加工やフライス加工等の切削加工の場合、基本的に、加工の種類別に切削工具を使い分けて1つの形状加工を行いますが、ブローチ加工では、複数の切れ刃をもった1本のブローチで加工が完結できることが大きな特徴です。

また、他の工作機械で内径加工をする際は、「粗加工」「中仕上げ」「仕上げ」の段階を経るのが一般的ですが、ブローチ加工は、引き抜き1工程で仕上がるため、作業効率がとても良いのです。そのため、難削材の高精度加工にも使われ、なおかつ大量生産に向いています。

それでは、ブローチ加工の特徴を知りましょう。

1. ブローチ加工の仕組み
2. ブローチ加工のデメリット
3. スロッター加工

1. ブローチ加工の仕組み

ブローチ加工の仕組みは、あらかじめ加工物に貫通した下穴をあけておき、加工したい形状に作成したブローチを挿入し一気に引き抜くことによって、仕上げ刃の形状と寸法通りの加工が完了するというものです（**図3-12**）。

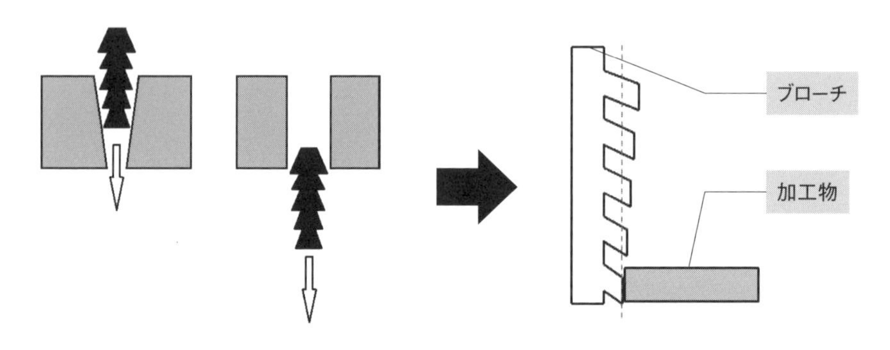

図3-12 ブローチ加工の仕組み

ブローチの構造は、棒状の軸に多数の円刃が寸法を増しながら直線的に配列されていて、一本の軸に荒刃、中仕上げ刃、仕上げ刃がそれぞれ複数並んでいます。引き抜きの運動につれて、これらの刃が順番に加工物を削っていくという原理です。ブローチは一気に引き抜くように動くので、高精度な加工が特徴的です（**図3-13**）。

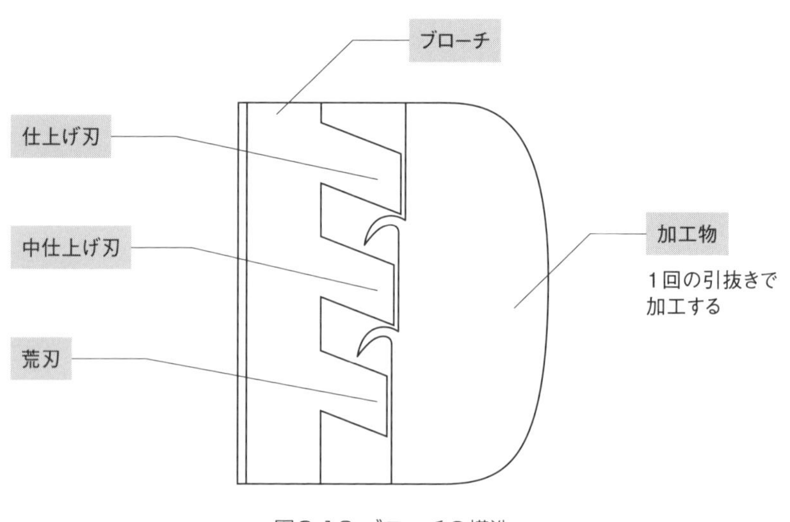

図3-13 ブローチの構造

機械部品の製造現場で、実際に使用されているブローチ盤の全景を示します（図3-14）。この機種は船舶用部品の製造に用いられる大型のブローチ盤です。

図3-14 ブローチ盤（写真提供：株式会社IHI回転機械エンジニアリング）

ブローチの長さは、ブローチ盤のストロークと治具によって決まってきます（図3-15）。なお、ブローチ加工に適する加工物の硬さは、一般に200～300HB（ブリネル硬さ）とされています。

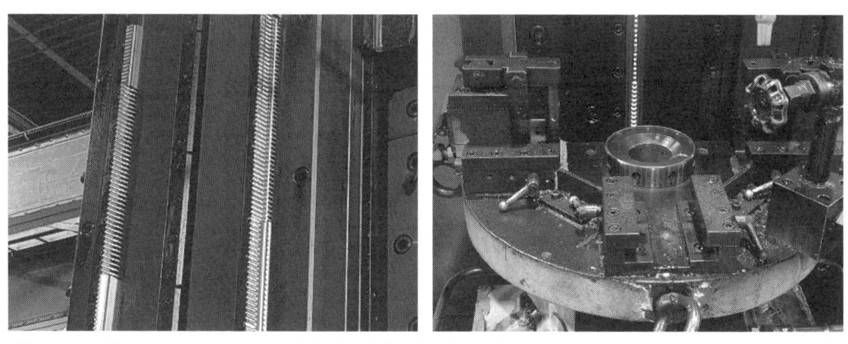

図3-15 ブローチとワーク固定部（写真提供：株式会社IHI回転機械エンジニアリング）

2. ブローチ加工のデメリット

通常、ブローチは、加工したい形状に合わせて専用に製作されます。ですから、複雑形状の穴加工も、それに合ったブローチが用意できれば、問題なく加工できるということです。

しかし、ブローチは短納期で製作できる工具ではなく、発注から2〜3ヶ月待つことになります。しかも、工具代はたいへん高価です。継続的に、何百個何千個といったロットの加工をこなす計画であれば、加工効率とコストの面でブローチ加工は優位に立ちますが、少数、単発、単品試作の場合は、他の加工法で対応するほうが、安上がりになります。

もう1つデメリットとして述べておきたいのは、「ブローチ加工不可形状の下穴」です。

ブローチは、自身が下穴を貫くことで加工を成立させる工具ですから、下穴が貫通していないポケット穴では加工ができません。

その場合は、スロッター加工を検討することになります（**図3-16**）。

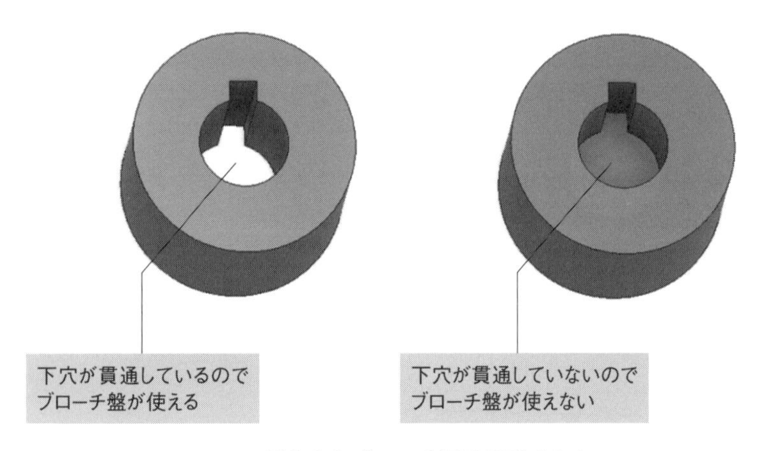

図3-16 ブローチ加工のデメリット

3. スロッター加工

スロッター加工とは、主に穴のキー溝加工に用いられる加工方法です。

これは、作りたいキー溝形状に合わせた刃物（バイト）を差し込み、上下運動することで材料を掻き出して切削加工を行う方法です。この加工原理から、ブローチ盤では対応できない「貫通していない内径」にキー溝を加工することができます（**図3-17**）。

スロッター加工によるキー溝加工は、キー溝の寸法や長さの自由度が高いことが利点ですが、一度に掻き出せる材料はわずかで、時間をかけて徐々に切削していくので、加工速度の点ではブローチ加工には及びません。

その代わり、試作や単発加工では柔軟に対応できるので、設計者としては、「下穴の貫通あり・なし」、「量産か単品か」などの条件に合わせて、ブローチ加工とスロッター加工を使い分けていくとよいでしょう。

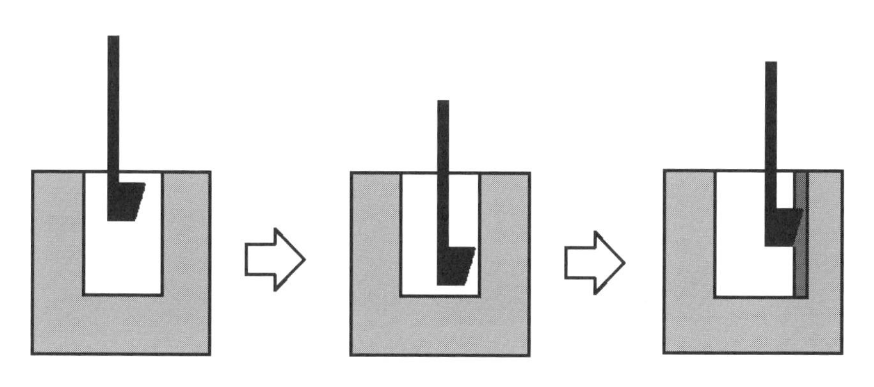

図3-17　スロッター加工のイメージ

設計目線で見る「その他の切削加工でどの程度の表面粗さが出るのか知りたい件」

穴あけ、リーマ仕上げ、ブローチ削りで狙える表面粗さの目安表です（**表3-4**）。

図面上でドリル加工を表す「キリ」は精度を指定しない穴加工ですが、この表では、キリの表面粗さがRa6.3程度であると見ることができます。キリにリーマ加工を追加することで、Ra0.4まで精度を引き上げられることがわかりますが、工数が増えればコストも上がりますから、機能を持たせる必要がない穴は、できる限りドリル加工ですむような設計を心がけたいです。

表3-4 その他の切削加工で得られる表面粗さ

加工方法		表面粗さ(Ra,Rz,旧仕上げ記号)													
名称	記号	Rz	200	100	50	25	12.5	6.3	3.2	1.6	0.8	0.4	0.2	0.1	0.05
		Ra	50	25	12.5	6.3	3.2	1.6	0.8	0.4	0.2	0.1	0.05	0.025	0.012
		旧	～	▽		▽▽		▽▽▽			▽▽▽▽				
穴あけ(D)	Drilling														
リーマ仕上げ(FR)	Reaming														
ブローチ削り(BR)	Broaching														

■一般的に得られる粗さ　■特別条件による粗さ

第3章 | 3

設計目線で見る歯切り加工

歯切り加工とは

歯切り加工とは、歯切り盤と呼ばれる工作機械を用いて、歯車の形状や歯形に応じた工具により歯車の歯を削り出す加工のことである。

歯切り盤には、ホブカッターを回転させながら、外歯車を加工するホブ盤と、ピニオンカッターを往復させながら、外歯車や内歯車を加工するギヤシェーパーがあり、作りたい歯車のタイプによって工作機械と工具が使い分けられる。

円柱形の素材を、歯車の形状に切削加工する工作機械を総称して、歯切り盤(はぎりばん)と言います。歯切り盤には種類があり、加工する歯車の形状によって機械が異なるのです。

それでは、歯車の特徴や歯切り盤について知りましょう。

1. 歯車の種類
2. 歯切り盤の種類
3. 歯車の加工の流れ

1. 歯車の種類

歯車といえば、軸に対して平行にギザギザがついている平歯車が思い浮かびますが、傘形状の歯車、直線状の歯車、歯筋が山形になっている歯車など、目的や働きに応じてその形状はさまざまです（**表3-5**）。

表3-5 歯車の種類

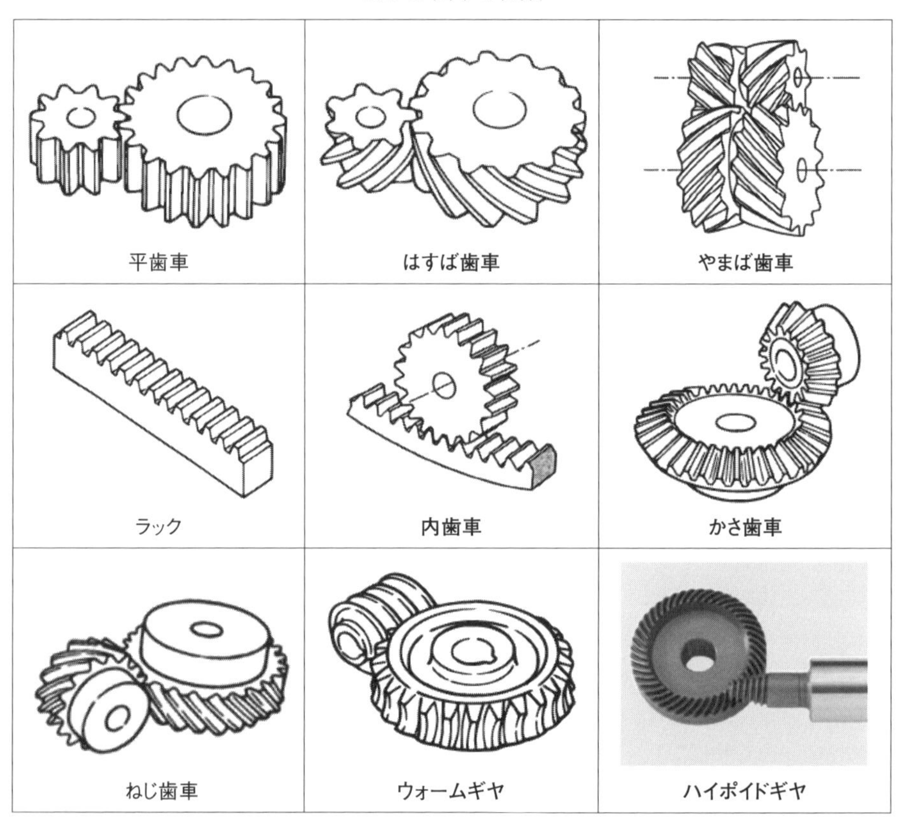

2. 歯切り盤の種類

1）ホブ盤

ホブという刃物を主軸に取り付けて回転運動を与え、固定した工作物に押し当てて切削し、歯車を製造する工作機械をホブ盤と言います。ホブ盤は、主に平歯車、はすば歯車、ウォーム歯車と呼ばれる歯車を歯切り加工する際に使用されます（**図3-18**）。

図3-18 ホブ盤による歯切り

2）ギヤシェーパー

ホブ盤がホブという刃物を回転させて切削し歯筋を作るのに対し、ギヤシェーパーは、シェーパーカッターと呼ばれる刃物の上下運動によって切削し、歯車を作る工作機械です（**図3-19**）。

ギヤシェーパーは、平歯車の他、円筒形の内側に歯筋を持った内歯車や、軸に段差があり、ホブの可動域が妨げられるような歯車の切削に用いられます。ただし、ギヤシェーパーはホブ盤に比べて加工効率があまり良くないのが難点です。したがって、ホブ盤でできる平歯車などはホブ盤で作るのが効率的です。

図3-19 ギヤシェーパーによる歯切り

3. 歯車の加工の流れ

平歯車の加工工程を示します（**図3-20**）。

旋盤加工で歯切り前の形状（ブランク）を作り、その後加工物はホブ盤に移されて歯切りをされます。歯切り後にバリ取りを行い、表面処理と熱処理をして完成です。もちろん、素材によってはバリ取りまでで完成する歯車もあります。

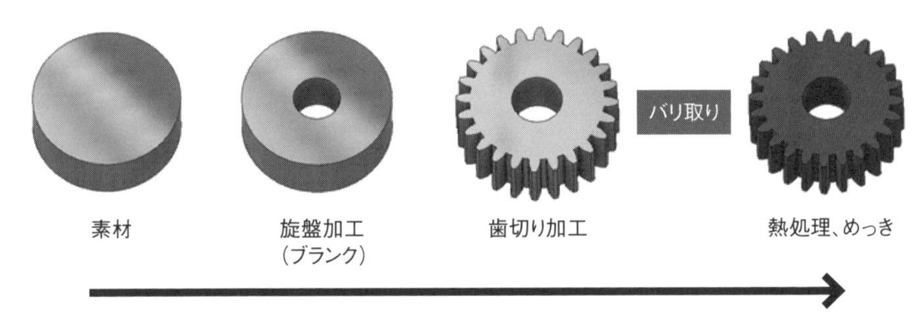

図3-20 平歯車の加工順

かさ歯車の加工工程を示します（**図3-21**）。

平歯車同様に、旋盤加工で作られるブランクの形状で、どのタイプの歯車になっていくかがわかりますね。

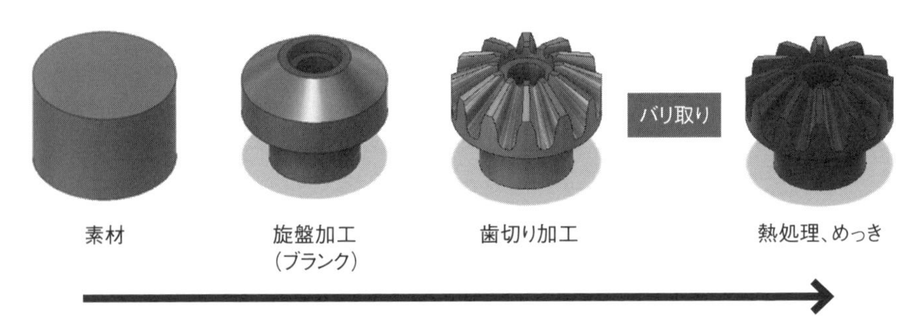

図3-21 かさ歯車の加工順

設計目線で見る「歯車選びに必要な3要素と値の求め方が知りたい件（1）」

歯車を選定する際に必要な要素は、「モジュール」と「歯数」と「基準円直径」で、各要素の意味や計算式について知っておけば、歯車を選定する際に役立ちます。

モジュールとは歯車の歯の大きさを指す要素で、歯車同士を噛み合わせるには、このモジュールが等しい値でなければ噛み合いません。異なる歯数の歯車同士が噛み合う理由は、「モジュールの値が同じだから」ということです。

モジュールには、JISで推奨されている値があります（**表3-6**）。

なるべくⅠ系列を優先に使うようにして、Ⅰ系列では問題があるときにはⅡ系列を使用するようにします。

表3-6 JIS B 1701　モジュールの標準値

モジュールの標準値（Ⅰ系列）													
0.1	0.2	0.3	0.4	0.5	0.6	0.7	0.8	1	1.25	1.5	2		
2.5	3	4	5	6	8	10	12	16	20	25	32	40	50

モジュールの標準値（Ⅱ系列）												
0.15	0.25	0.35	0.45	0.55	0.65	0.7	0.75	0.9	1.125	1.375		
1.75	2.25	2.75	3.5	4.5	5.5	6.5	7	9	11	14	18	22
28	36	45										

φ(@°▽°@)　メモメモ

シリーズ化設計に役立つ標準数

表3-6のモジュールの標準値を見ておかしいと思いませんか？　0.8や1.25など中途半端な数値が推奨されています。これは、標準数を使っているためです。

標準数は、JIS Z 8601にも制定されており、「工業標準化・設計などにおいて、段階的に数値を定める場合には標準数を用い、単一の数値を定める場合でも標準数から選ぶようにする」と記載されています。

標準数は、歯車のモジュール以外でも、製図の際に記入する表面粗さの値や板金の厚みなどに利用されています。

歯数とは、1つの歯車についている歯の数のことです。ギア比は歯数の組み合わせで決まるので、歯車が正しく動作するためには、歯数は整数でなければいけません。

基準円直径とは、歯車同士が噛み合う円周のことです。これによって、歯車と歯車の軸をどの位置に設置するかが決まるので、重要な数値です（**図3-22**）。

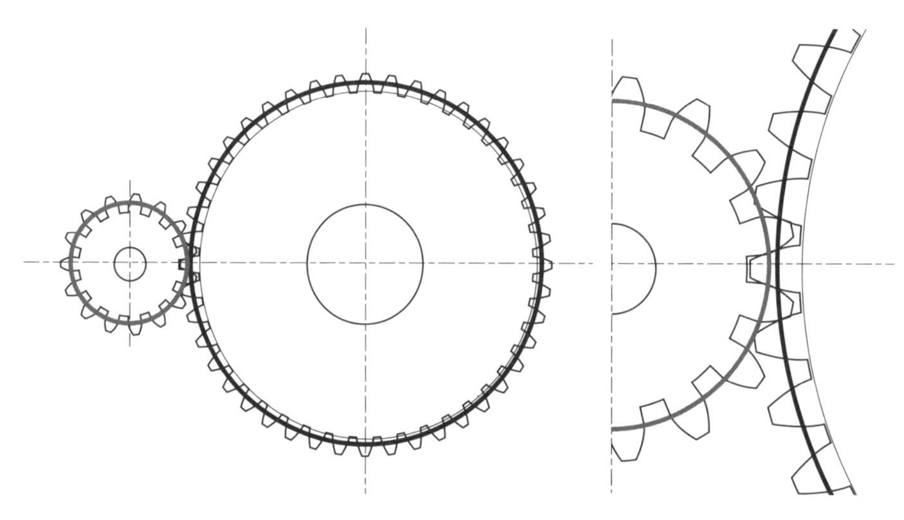

図3-22 歯車の基準円直径

標準的な平歯車のモジュール、歯数、基準円直径の関係を計算式にすると、
「基準円直径（mm）= モジュール（mm）× 歯数」という式になります。

3つの数値のうち2つがわかっていれば、計算式を入れ替えて、
「歯数 = 基準円直径（mm）/ モジュール（mm）」
あるいは、
「モジュール = 基準円直径（mm）/ 歯数」
とすれば、残りの1つを計算で出すことができます。

歯車の選定は、それほど難しくありません。取り付けスペースが限られている場合は、基準円直径が優先になりますし、ギア比を重視するなら歯数を先に、歯の強度を重視する場合はモジュールを優先に考える必要があります。

設計者としては、優先したい要素と数値を先に決めておいて、そこから他の要素の数値を求めながら選定していくという流れを基本としつつ、どの数値をどこまで妥協できるかで検討していけばよいでしょう。

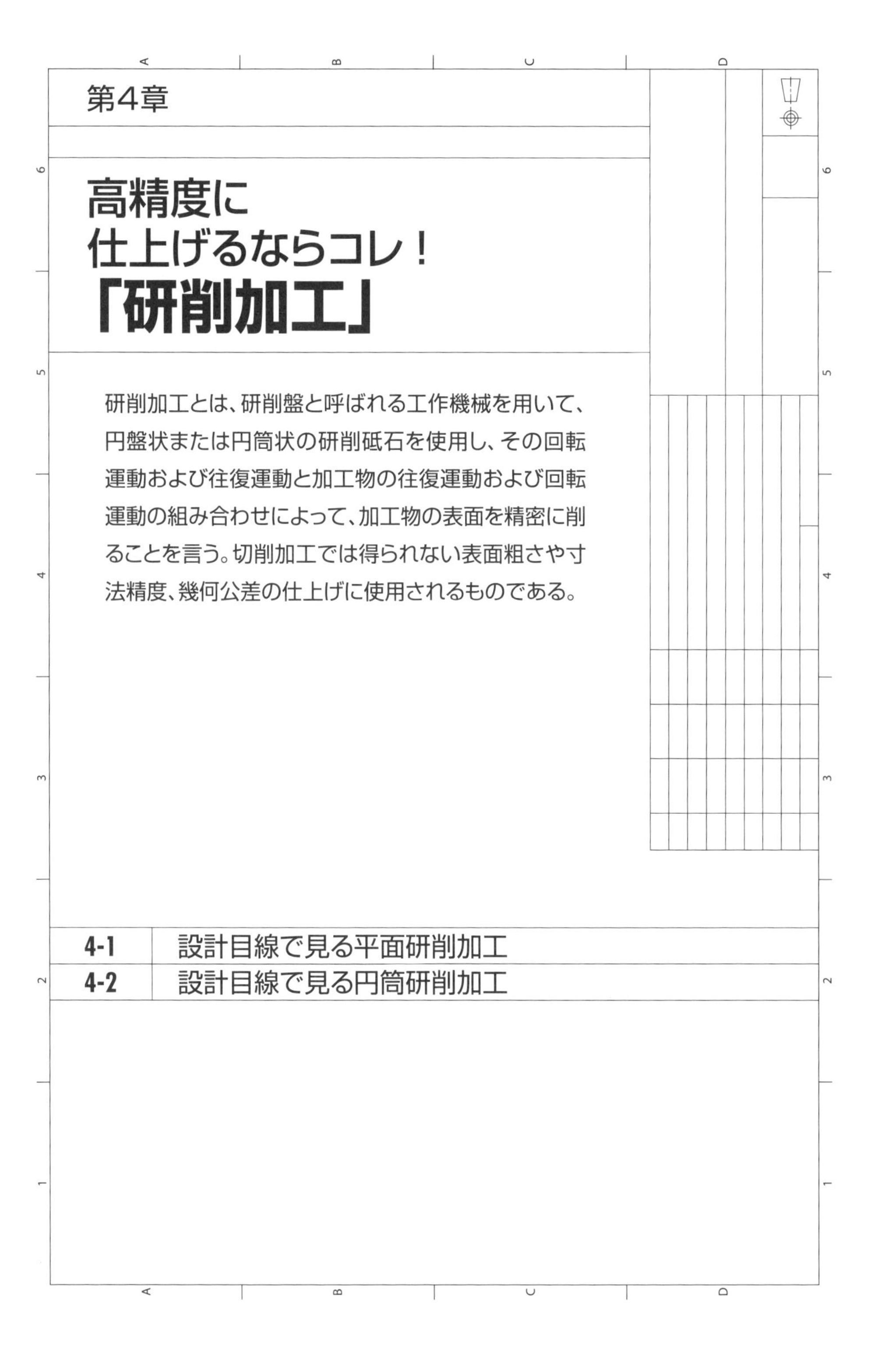

第4章

高精度に仕上げるならコレ！「研削加工」

研削加工とは、研削盤と呼ばれる工作機械を用いて、円盤状または円筒状の研削砥石を使用し、その回転運動および往復運動と加工物の往復運動および回転運動の組み合わせによって、加工物の表面を精密に削ることを言う。切削加工では得られない表面粗さや寸法精度、幾何公差の仕上げに使用されるものである。

第4章	1	設計目線で見る 平面研削加工

平面研削加工とは

平面研削加工とは、板状の加工物に対して、砥石を用いてその平面を研削する加工である。平面研削加工によって、寸法の調整や加工物の表面性状を整えられるほか、精密な平面度や平行度を得ることができる。

板物部品を削り出すフライス盤やマシニングセンタによる一般的な切削では、再現できる表面粗さはRa1.6程度までになります。それを上回る精度の表面粗さを求める場合には、平面研削盤で仕上げることになります。
切削加工は、金属で金属を深く切り込みながら削る加工なので、一度に除去できる材料が多く、加工能率が高い加工法です。しかしその反面、「平面を深さ2ミクロンだけ削りたい」などといった繊細な加工には不向きなのです。だから部品の要求精度によっては、研削加工による仕上げが必要になるということです。

図4-1 精密平面研削盤　(出典：黒田精工株式会社　GS-PFⅡシリーズ)

それでは、平面研削加工の基礎知識を確認していきましょう。
1.平面研削盤の動作原理
2.研削砥石の選定基準

1. 平面研削盤の動作原理

平面研削盤は汎用の研削砥石を用いて専ら加工物の平面を削るものです。動作の原理は、ワークをテーブル上のマグネットチャック（電磁チャック）の上に置き、砥石が当たる面に突起などがない状態にして水平に固定します。そして、縦方向に取り付けられた円盤状の砥石を回転させ、テーブルを前後左右に動かしながら、ワークの平面をわずかずつ削り取るというものです（**図4-2**）。

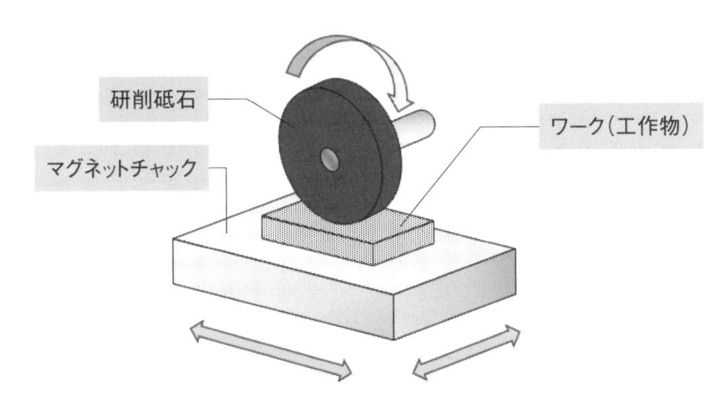

図4-2 平面研削盤の動作原理

ドレッサーで砥石を精密に成形して、溝部やポケット部を研削するものを成形研削盤と言い、機械の構成は平面研削盤と同様です（**図4-3**）。こちらは主として金型部品の仕上げに用いられます。

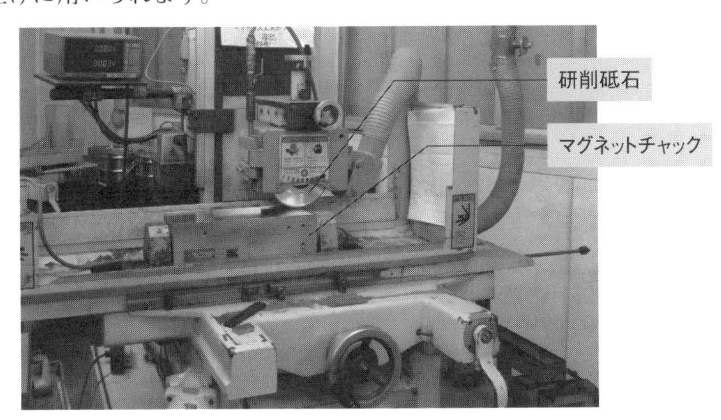

図4-3　成形研削盤　（写真提供：株式会社ノムラ）

加工現場では、図面の指示記号により「これは研削仕上げの部品だ」と判断したら、切削加工の段階で、研削の取り代（しろ）を残した状態で仕上げておいて研削加工に移ります。研削加工中は、マグネットチャックとワークは隙間なく貼り付いた状態になるので、切削加工では困難な平行度や平面度を精密に整えられるのです。研削で仕上げられた面は平坦でキメが細かく、切削面との違いは明らかですね(**図4-4**)。

図4-4 研削仕上げ後の金型部品

研削加工された表面には切削加工のような筋目がないから、ひと目で研削加工仕上げだとわかりますね

2. 研削砥石の選定基準

研削砥石は刃物に相当しますから、まず、ワークより硬くなければいけません。さらに、ワークの材質、要求される面粗さや寸法の精度などによって最適な砥石を選定する必要があります。

設計者と現場双方における注意点としては、研削砥石は加工物の表面を擦りながら削っていくため、切削工具と比べて摩耗が著しいだけでなく、目詰まりを起こしやすい工具であるということです。目詰まりや摩耗した砥石を使うことは、精度と形状の不良原因となります。研削加工は部品加工の最終工程となる事が多いため、ここで不良を出すとそれまでの加工が台無しになりますので、常に最善の仕上がりを得るために、砥石の管理には気を配らなくてはいけません。

研削砥石の構成要素を記します（**表4-1**）。

砥石の選定は、加工内容と砥石の各構成要素を照らし合わせて行います。

表4-1 砥石の構成要素

寸法	外径(mm) X 厚さ(mm) X 穴径(mm)
砥粒 （砥石の材料）	一般砥粒にはアルミナ質系と炭化ケイ素質系の2種類がある。 ・アルミナ質系（主に使用される種類：WA） → 炭素鋼、合金鋼向き　(低硬度・高靭性) ・炭化ケイ素質系（主に使用される種類：GC） → 非鉄金属、ガラス、ゴム向き　(高硬度・低靭性)
粒度 （砥粒の大きさ）	数値で表される。 「粒度が小さい」→ 砥粒が大きい →粗目となる。 「粒度が大きい」→ 砥粒が小さい →細目となる。 粒度が大きくなるにしたがって、軟質から硬質へ変わる。
結合度 （砥石の硬さ）	アルファベットで表される。 結合剤の量が多いと砥石は硬くなり、少ないと軟らかくなる。 A：柔らかい ←→ Z：硬い
組織 （砥粒の容積比）	数値で表される。 「数値が小さい」→砥粒の量が多く密な組織。 「数値が大きい」→砥粒の量が少なく粗い組織。 0：密　←→　14：粗い

このほか、砥粒を保持する役目となる「結合剤」の種類によっても、砥石の性質は変わります。

φ(@°▽°@) メモメモ

一般研削砥石の粒度と表面粗さの関係

研削砥石の構成要素の中で、表面粗さに大きな影響を与えるものが「粒度」で、加工物に対して一度に切り込んで削る量を決める上で、最も重要な要素です。

加工物の表面粗さは複数の要素が関わり合って成り立っているので、単に粒度の細かい砥石を使えば、確実に精密な表面粗さに仕上がるとは言えません。そのため、「この表面粗さが必要なら、この粒度の砥石を使うとよいですよ」と、断言することは難しいのですが、一般研削砥石を選定する際のおおまかな指標を示します。

粒度(#)	仕上げ表面粗さ(目安)
#46	Ra3.2μm (Rz 12.5μm)程度の粗仕上げ
#60	Ra1.6μm (Rz 6.3μm)程度の仕上げ
#80	Ra0.8μm (Rz 3.2μm)程度の仕上げ
#100～#220	Ra0.2μm (Rz 0.8μm)以下の精密仕上げ

実際の作業では、加工条件や粒度以外の砥石の構成要素も強く影響します。あくまでも参考として見てください。

設計目線で見る「切削とは違うのだよ切削とは！コストの違いを知りたい件」

研削加工は砥石を工具として用いるため、一回の切り込み量を大きくすることができない代わりに、ミクロン単位の材料除去には適した加工法ですから、幾何公差、サイズ公差の微調整に有効なのです。この差を加工時間に照らしてみると、同一時間内に除去できる材料が少ない研削加工は、切削加工と比べて加工時間が長引く分、コストが高い」と言えます（**表2-2**）。

表4-2 切削加工と研削加工の相違点

切削加工	研削加工
工具は金属製	工具は砥石
一度に多くの材料を除去できるので、加工時間は長くない	一度に除去できる材料は微量なので、加工時間は長くなる

設計目線で見る「切削とは違うのだよ切削とは！G記号はむやみに使うな問題」

設計者として気をつけたいのは、表面粗さ記号に研削を表す「G」を記入する時です。**図4-5**のa）は、フライス面で可とされますが、b）では、「G」記号が付加されています。

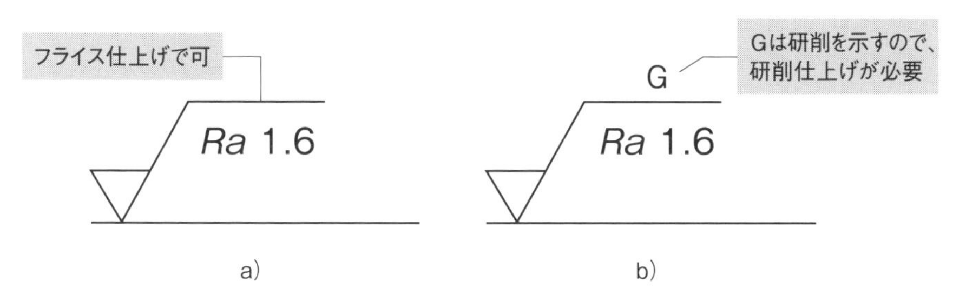

図4-5 記号「G」の有無による加工の違い

Ra1.6の指示だけならば、挽目を残したフライス盤仕上げで加工を終えられるのに、Gが付いていることで、「これは研削によるRa1.6を要求しているのだ」と現場は解釈して、研削盤で仕上げることになります。これが、「使用目的上、確かにその面は研削面でなければならない」という意図ならばともかく、そうでなければ、工数を増やし加工コストを無駄に上げるような「G」は避けましょう。

設計目線で見る「切削とは違うのだよ切削とは！砥石形状から理屈で考えるべし」

平面研削盤の構造上、研削砥石の運動に干渉するような部品形状では、必ず加工不可領域が発生してしまいます。平面研削を伴う部品は、必ず立ち壁や突起のない形状で設計しましょう。

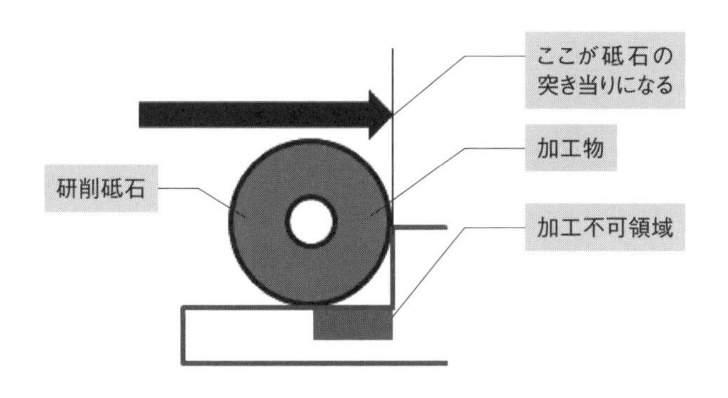

図4-6 平面研削の加工不可領域

第4章	2	設計目線で見る 円筒研削加工

円筒研削加工とは

円筒研削加工とは、円筒状の加工物に対して、砥石を用いてその外径と内径の表面を研削する加工である。円筒研削加工によって、外径・内径寸法の調整や表面性状を整えることができる。

一般的に、旋盤加工で再現できる面粗さは、汎用機でRa0.8、NC機でもRa0.4が限度とされています。それ以上のきめ細かさを求める場合、外径、内径公差を満足させたい時に、円筒研削で仕上げを行います。

円筒状部品の研削には大きく分けて2つあり、1つが「円筒研削」、もう1つが「センタレス研削」です。

それでは、円筒研削の基礎知識を確認していきましょう。

1. 円筒研削加工
2. センタレス研削加工

1. 円筒研削加工

円筒研削加工には、円筒研削盤という専用の工作機械を用います。これは、両端面の中心を「センタ」で支えた加工物に対して、円盤状の砥石を回転させながら押し当てることで、部品の外径とテーパ面を研削する工作機械です（**図4-7**）。

図4-7 円筒研削盤

円筒研削盤の動作原理を示します（**図4-8**）。

旋盤のスクロールチャックと異なり、加工物の外径を掴むのではなく両端をセンタで保持しているので、加工物に段差や溝があっても支障なく、すみずみまで研削できる利点があります。

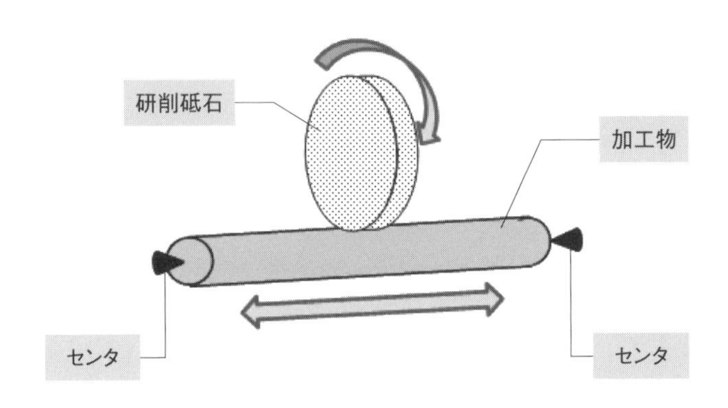

図4-8 円筒研削盤の動作原理

内径研削は、旋盤加工と同様に、スクロールチャックで加工物を固定して高速回転させたところへ、軸が付いた円筒状の砥石（軸付き砥石：**図4-9**）を接触させて加工します（**図4-10**）。

図4-9 軸付き砥石

図4-10 内径研削加工の様子

図4-11は、円筒研削盤による、外径研削、テーパ研削、内径テーパ研削の事例です。

図4-11 円筒研削加工例

2. センタレス研削加工

長尺で凹凸のない円筒状の加工物を真円に仕上げる目的ならば、センタレス研削（芯なし研削）が適しています。これには、センタレス研削盤を用います。この研削盤は、加工物をチャック等で固定するのではなく、支持刃と調整ローラで挟んで支えます。その構造のために、長尺の加工物がたわむことなく加工できるのです（**図4-12**）。

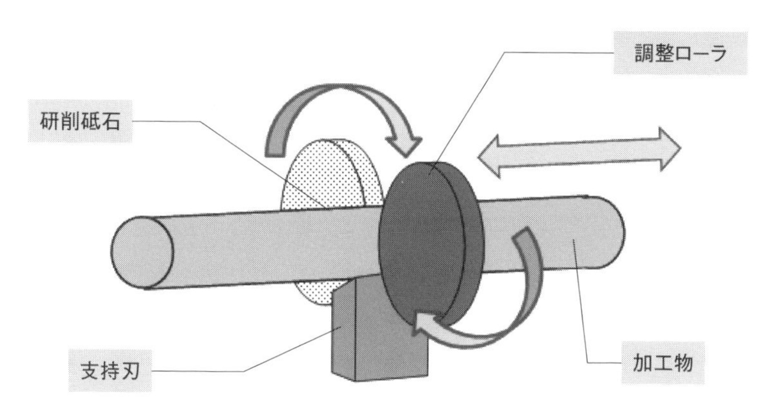

図4-12 センタレス研削盤の動作原理

ちなみに、量産型の旋盤であるCNC自動旋盤では、センタレス研削材の使用が鉄則です。

CNC自動旋盤では、材料はガイドブッシュを通って自動的に繰り出され、自動的に加工されますから、継続して安定した加工をするには、材料とガイドブッシュのクリアランスに一定の精度が必要になるからです。もしセンターレス研削していない材料を使った場合、外径のバラつきがそのまま加工物に反映されてしまうことになりますし、機械によっては加工中断になりかねないので気をつけなくてはいけません。

設計目線で見る「センタレス材を使ったらコスト削減できるかも！」

全長が200mmとか300mmといった長めの単品部品を作る場合は、図面の材料欄でセンタレス研削材を指定すると、材料調達の時点でもう外径精度が仕上がっているので、外径の仕上げ工程を省くことができます。つい、「研削加工は切削加工の後工程」という考え方になりがちですが、設計者のちょっとした配慮が加工コストの低減につながるのです。

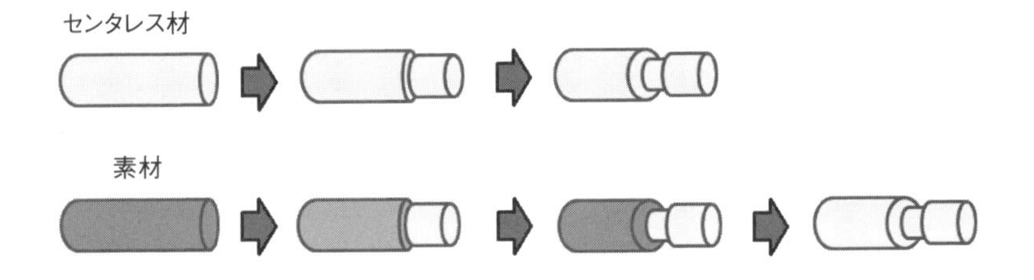

図4-13 センタレス材使用による工数削減

設計目線で見る「どう使い分ける？円筒研削とセンタレス研削」

円筒研削とセンタレス研削、どちらも旋盤加工だけでは出せない寸法精度と面粗さを実現させる加工ですが、高い寸法精度を求める場合には、円筒研削が適しています。

円筒研削とセンターレス研削のメリット・デメリットを示すので、使い分けの参考にしてください（表4-3）。

表4-3 円筒研削とセンタレス研削のメリット・デメリット

円筒研削	センタレス研削
加工物の両端面の中心をセンタで支える	加工物は支持刃と調整ローラで支える
・外径に段差や溝、Rがあっても支障なく研削できる。 ・加工物の両端を点で支える構造のため、長尺物の加工は苦手。	・長尺の加工が得意。 ・外径に溝や段差を持つ物は基本的に対応できない。 ・素材段階でセンタレス研削しておくことで、切削加工で外径精度を仕上げる必要がなくなる。 （量産型の自動旋盤では、加工安定性のため、原則的にセンタレス材を使う。）

φ(@°▽°@) メモメモ

「研削」と「研磨」、なにが違うの？

この2つの言葉は、加工現場でさえよく混同されますが、本来は少し意味が違います。研削は説明してきた通り、「材料の表面を削って、面粗さや寸法精度を整える加工」です。研磨は、端的に言うと「表面を磨く加工」で、研削の後工程として、さらに面粗さの度合いを高める目的でも使われる方法です。研磨では、精密な寸法調整は行いません。磨くのみです。

研磨には、バフ研磨、ラッピング、ポリシングなどがあり、加工物の形状は問わないことがほとんどで、加工物の一部分のみを磨くこともできます。

いずれの研磨も、ペースト状や液状の研磨剤を加工物につけて、加圧しながら磨きます。

手作業で金属を磨く際に、ホームセンターでも購入できる有用なアイテムを紹介しましょう。「ピカール」液です！

研磨剤の入った液体で、ウェスなどで金属表面を磨くためのものです。

設計目線で見る「研削・研磨加工ではどこまで表面粗さを出せるのか知りたい件」

研削加工と研磨加工で狙える表面粗さの目安表です（**表4-4**）。

ほとんどの部品は、切削加工で出せる表面粗さの範囲で要求を満たせるのですが、摺動面、圧入面、パッキン部などは研削加工で仕上げ、必要に応じてさらに研磨仕上げを用います。

加工物の材質にもよりますが、実際に砥石を用いて仕上げる研削加工でRa0.2を超える滑らかさを出すのは、ものすごく時間がかかります。コストを考慮するなら、研削ではなくラップ仕上げを指定するとよいでしょう。

表4-4 研削・研磨加工で得られる表面粗さ

加工方法		表面粗さ（Ra,Rz,旧仕上げ記号）														
名称	記号	Rz	200	100	50	25	12.5	6.3	3.2	1.6	0.8	0.4	0.2	0.1	0.05
		Ra	50	25	12.5	6.3	3.2	1.6	0.8	0.4	0.2	0.1	0.05	0.025	0.012
		旧	～	▽		▽▽		▽▽▽			▽▽▽▽				
研削（G）	Grinding					□	□	■	■	■	■	■	□	□	
ホーニング（GH）	Honing							□	■	■	■	■	□	□	
ローラーバニシ仕上げ（RLB）	Burnishing								□	■	■	□			
バレル研磨	―						□	□	■	■	■	□	□		
電解研磨	―								□	■	■	□			
ケミカルミーリング（化学研削・エッチング）	―				□	■	■	■	□						
つや出し	―								□	■	■	■	□	□	□
ラップ仕上げ（GL）	Lapping								□	■	■	■	■	□	□
超仕上げ（GSP）	Super Finishing								□	□	■	■	■	□	□

■一般的に得られる粗さ　□特別条件による粗さ

設計目線で見る「見た目に高級感が出る！傷も隠せるヘアライン加工の活用」

ヘアライン加工とは、ステンレス製品やアルミ製品によく用いられる研磨加工の一種で、髪の毛のような細い筋が一定方向に並んだ外観であることから、そう呼ばれます。板金材料にはヘアライン材があるので、それを用いて加工すればヘアライン加工の板金部品ができます。切削加工部品には、後工程でヘアライン加工を行います。

図4-14 アルミ切削加工品へのヘアライン加工

ヘアライン加工の目的は、第一に意匠がらみの装飾です。

ヘアライン加工をすると、金属の質感は残しながらも反射を抑えた上品な仕上がりになります。さらに、ヘアライン加工の微細な凹凸が滑り止めとしても作用します。そのため、機械部品だけではなく、建材、キッチン用品、家具、家電製品など、幅広い分野で使われています。

次に、傷を目立たなくさせることです。つまり、傷が付くことを怖がるのではなく、最初から傷を入れてしまおうという逆転の発想でヘアライン加工を活用するということです。特にヘアラインの方向と同じ方向で傷が入った場合は、ほとんど目立ちません。ただし、ヘアラインの方向に対して直角方向に付く傷は、逆に目立ってしまうというデメリットがあるので覚えておきましょう。

ヘアラインの主な加工法は、ベルト研磨機で金属の表面を一定方向に磨く方法です。ヘアライン加工に用いられる研磨ベルトの砥粒は150番～240番で、番手の数字が大きくなるほど砥粒は小さくなり、筋目は細かくなります。単品試作品であれば、同じ番手のサンドペーパーを使って手加工でのヘアライン加工も可能です。この場合も、一定方向に磨くことがポイントになります。

設計目線で見る「表面粗さはどうやって確認しているのか気になる件（1）」

加工現場では切削や研削後の表面の粗さをチェックしながら作業をしますが、そこでしばしば使われるのが、このゲージ「比較用表面アラサ標準片」です（**図4-15**）。

使い方は、まず加工表面とゲージを目視で比較して視覚的な判断をし、さらに指の爪先で標準片と加工表面を交互に触って触覚的に粗さを判断するというアナログゲージです。

図4-15 比較用表面アラサ標準片（平面研削用）

設計目線で見る「表面粗さはどうやって確認しているのか気になる件（2）」

専用機である表面粗さ測定機器を使い、測定結果を数値として出す方法も用いられます（**図4-16**）。

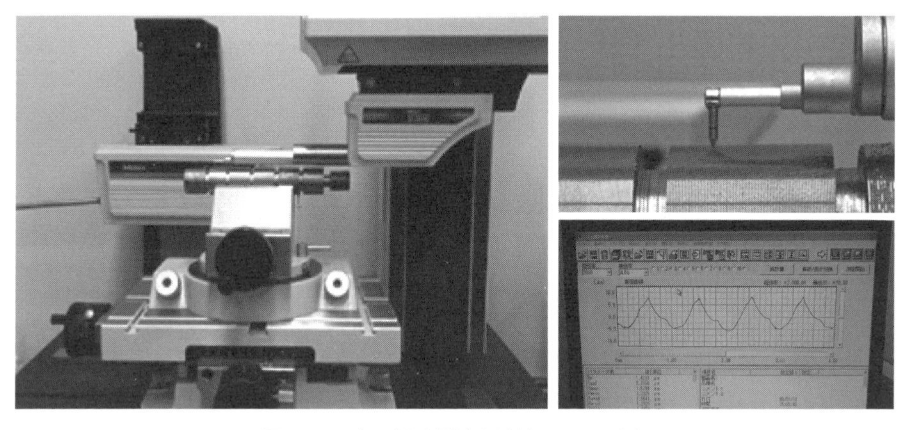

図4-16 表面粗さ測定器（サーフテスト）

測定精度は落ちますが、ハンディタイプの粗さ測定器も存在します（**図4-17**）。加工や組立の現場、客先での確認時には威力を発揮しますね！

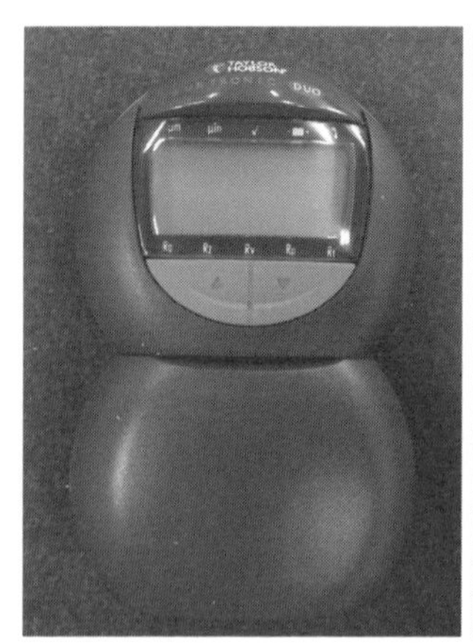
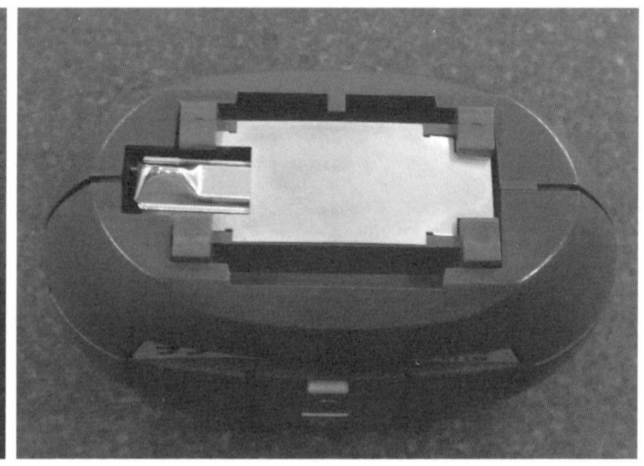

図4-17 携帯型表面粗さ測定器

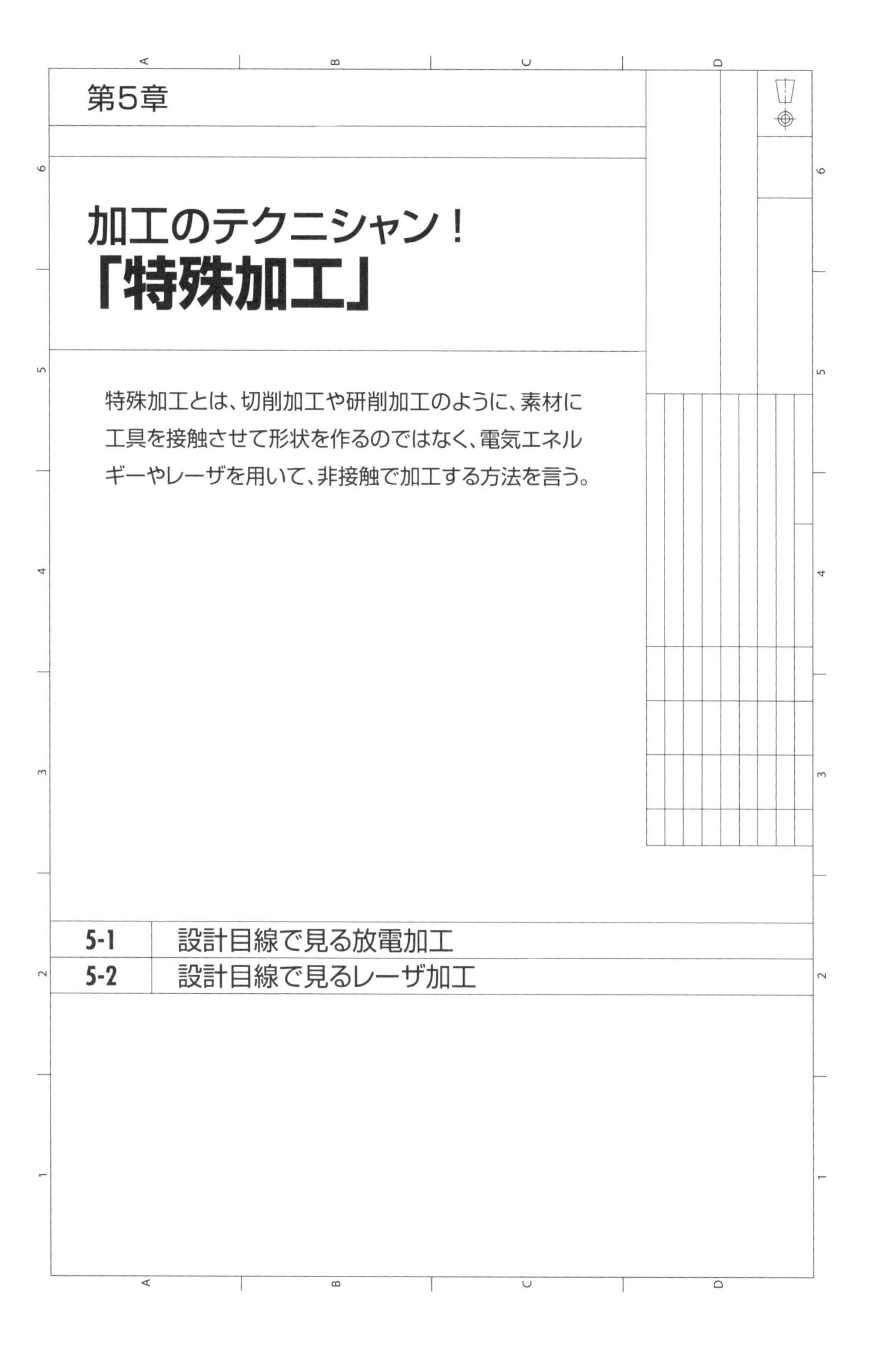

第5章

加工のテクニシャン！「特殊加工」

特殊加工とは、切削加工や研削加工のように、素材に工具を接触させて形状を作るのではなく、電気エネルギーやレーザを用いて、非接触で加工する方法を言う。

第5章　1

設計目線で見る放電加工

放電加工とは

放電加工とは、電気が起こす火花のエネルギーによって、金属に穴を開けたり、凹凸をつけたり、切断をする加工方法である。

切削加工や板金加工を「接触式」とするならば、放電加工は「非接触式」の加工法です。これは、電気の放電スパークで発生させた熱によって材料を溶かすもので、放電スパークをもっと簡単な言葉に換えるとしたら、「火花」でしょうか。よって放電加工とは、火花を起こしてその熱の作用で加工するものとイメージすればよいです。

この加工法の最大の長所は、通電する材料（導体）であれば、その硬さにかかわらず加工ができるという点です。切削加工では、工具の硬さよりも硬い金属を削ることはほとんどムリですが、火花には加工物の硬さは関係ないので、「超硬合金」や、「難削材」と呼ばれる手強い材料でも加工が可能なのです。

放電加工では、火花を起こすための電極が必要で、使う電極のタイプによって型彫り放電加工、ワイヤー放電加工、細穴放電加工の3種類があります。いずれも電極には溶融しにくい材質が用いられ、加工物が溶融しやすい金属であるほど電極の消耗率が小さくなり、効率的な加工ができます。

それでは、放電加工の基礎知識を確認していきましょう。

1. 放電加工の基本メカニズム
2. 型彫り放電加工
3. ワイヤー放電加工
4. 細穴放電加工

1. 放電加工の基本メカニズム

非接触式の加工法ということは、電極と加工物の間には必ず隙間があるわけですね。しかし逆に、あまりに隙間が大きいと放電が起きないので、加工に適切な隙間になるまで電極を近づけます（**図5-1**）。

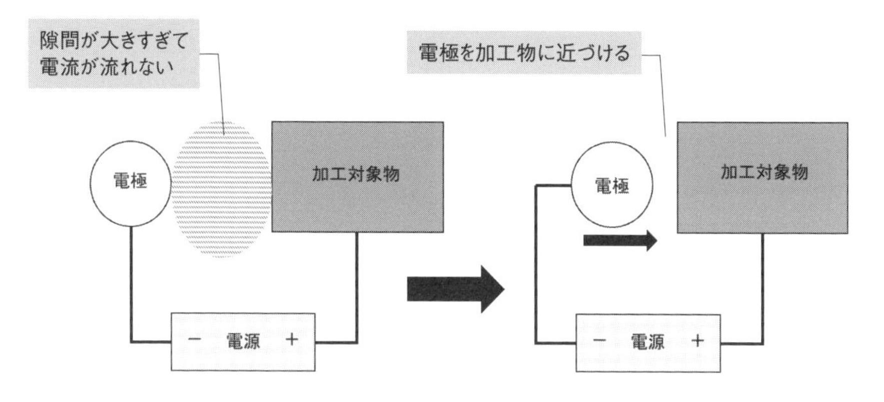

図5-1 放電加工のメカニズム(1)

このすき間は「放電ギャップ」と呼ばれ、放電加工における不可欠な要素です。放電ギャップの適量範囲はおおむね0.005～1.0mmで、ここへ電圧をかけることで放電が発生します（**図5-2**）。

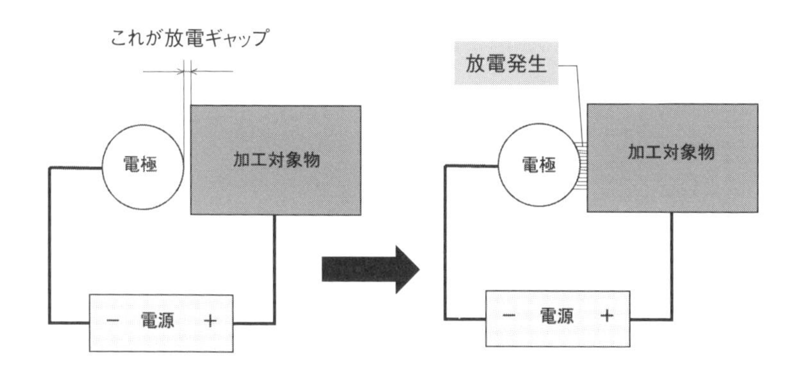

図5-2 放電加工のメカニズム(2)

放電箇所は金属を溶かす高熱のエネルギー帯になり、その力で加工をするのです。つまり放電加工とは、電熱ヒータのように電気で材料を加熱して加工する原理ではなく、放電による熱エネルギーで金属を溶かして加工するものなのです（**図5-3**）。

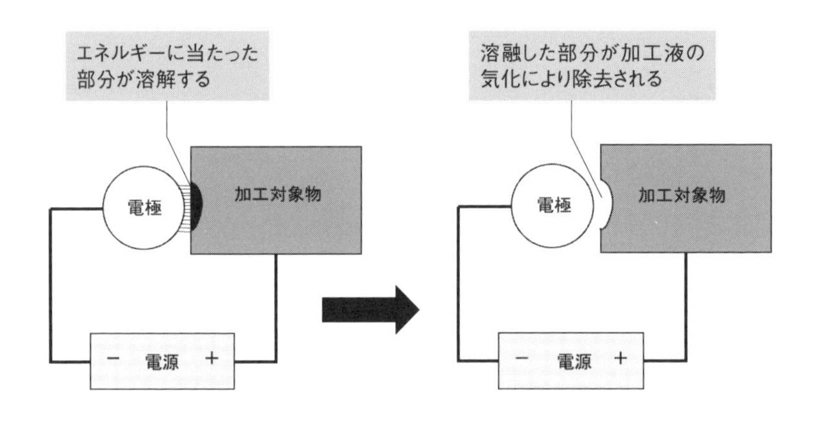

図5-3　放電加工のメカニズム(3)

短所をあげるとしたら、一般的なゴムや樹脂のような通電しない材料（絶縁体）には加工ができないということと、加工速度では切削加工には勝てないことです。

加工速度は部品コストに直結するから、
まず切削加工でできるかどうかを検討して、
それでは形状を満足できない場合に
放電加工を検討するというように、
加工方法の優先順位付けをするとよいのね

2. 型彫り（かたぼり）放電加工

型彫り放電加工機の概要を示します（**図5-4**）。

型彫り放電加工は、自由曲面を含んだ3次元形状でも、加工する形状に合わせた電極を準備できれば「彫る」ことができます。つまり最大の長所は、切削加工では困難な複雑で微細な形状でも加工できるところです。さらに、切削に比べて加工面がなめらかに仕上がることから、意匠性の高い製品のプラスチック成形金型の製作には欠かせない加工方法です。また、切削加工では扱いにくい脆性材料も加工することが可能です。

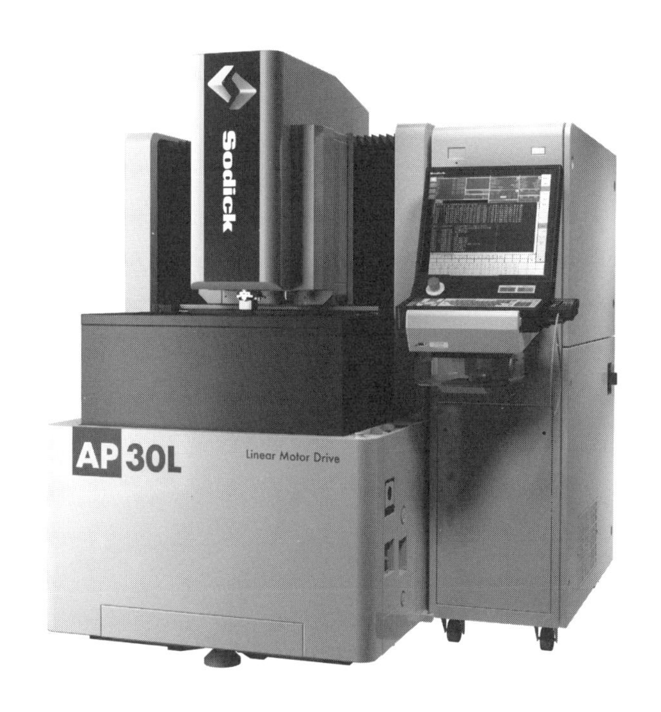

図5-4 型彫り放電加工機（出典：株式会社ソディック AP30L）

加工の理屈は「型押し」に似ていますが、放電加工の場合は押圧で転写するのではなく、加工物に電極の形状を焼き付けていきます。例えば、粘土の上にピンポン球を置いて上から押すと、球面状の凹みが粘土に転写されますよね。理屈はそれと同じで、放電加工の場合は押圧で転写するのではなく、加工物と電極の間に電圧をかけて火花を起こし、その火花の熱で加工物を溶融除去して電極の形状を転写させるのです。（深く焼き付けると言えばイメージしやすいと思います。）

1）型彫り放電専用電極

型彫り放電の電極は、加工したい形状を“反転”した形状を切削加工で作ります。凹んだ形状を作りたい場合は、凸型の電極を作るという具合です。

放電加工用電極の多くは、JIS規格に基づいた純度99.96％以上の銅が用いられます。これは、電極には溶融しにくい材質が適していて、相手（加工物）が溶融しやすい材質の場合、電極の消耗率が小さくなり、効率的な加工ができるからです。

銅は純度が高いほど熱伝導性に優れて溶融しにくく、鉄鋼は熱伝導性が悪く、部分的な溶融を起こしやすいので、銅の電極と鉄の加工物の組合せでは電極消耗率が小さく収まります。したがって、銅（電極）と鉄鋼（加工物）との組合せが加工効率の面で最高に相性が良いのです。

型彫り放電加工で用いる電極の一例を示します（**図5-5**）。

図5-5 型彫り放電用電極（写真提供：株式会社ノムラ）

2) 加工液（油）

型彫り放電加工機では、加工物を加工液の槽に沈めた状態で加工します。絶縁体であるこの加工液は油で、加工時（電圧がかかった時）には電界を維持し、さらに加工くずを除去する役割があります。

型彫り放電加工の加工状態を示します（**図5-6**）。

図5-6 型彫り放電加工中の様子

放電加工時に発生する火花の温度は、およそ6000℃とされているので、火花が当たる箇所は大変な高温になって金属は溶融します。

例えば、星形の電極を使うと、加工物は星形の電極と相対する箇所が高温になり、加工物の表層が溶融して星形の痕が形成されます。この作業1回あたりの溶融量はごくわずかなので、星形の痕を星形の凹みにするには、これを目に見えないほどの速さで繰り返してコツコツと地道に凹みを形成していくのです。

火花の持続時間を短くすると加工物の溶融量は少なくなり、長くするほど溶融量が増えます。したがって、火花の持続時間は加工物の寸法設計に合わせて精密な調整が行われます。また、加工が進んでいくにつれて電極と加工物の距離は離れていくので、常に最適な放電ギャップになるように、電極の位置と電圧を精密に制御しながら加工します。

電極と加工物との間に印加される電圧は50～300V程度です。電圧が低い方が電極と加工物との間の隙間が小さくなるので、高精度な加工には低めの電圧が適しています。

設計目線で見る「コストが気になる…型彫り放電加工のコストが気になる件」

型彫り放電加工の加工速度は、切削加工の加工速度と比べると、天と地ほどの差があります。それに、電極を作って用意する手間も加わります。これが、加工コストが高くなる理由です。それがわかっていて型彫り放電を用いるならよいのですが、切削加工では加工できない箇所に気づかないまま加工を依頼してしまい、コストの高い型彫り放電を用いることになって、想定以上のコストがかかってしまったという事例はよくあります（**図5-7**）。

試作では型彫り放電を用いたものでも、製品化に向けて生産性とコストを考慮するなら、切削加工で作れる形状を再検討するなど、工夫が必要ですね。

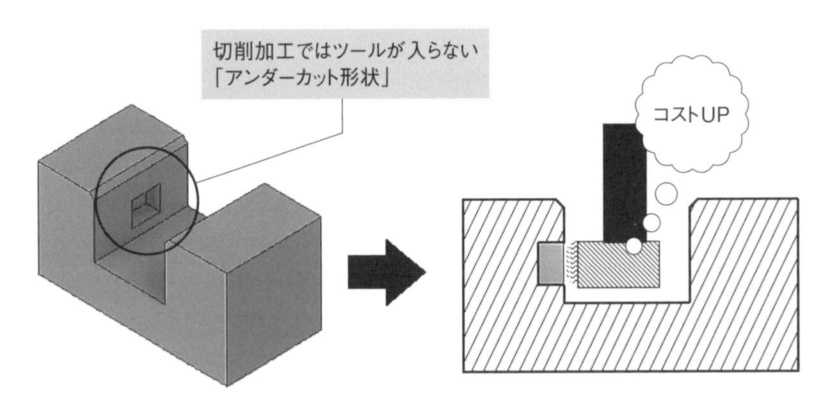

図5-7 アンダーカット形状の型彫り放電加工

3）型彫り放電加工の応用（導電性脆性材料の加工）

① 電性脆性材料の加工の概要

型彫り放電加工では基本的に材料に力が加わることがありませんから、脆性材料の加工にはうってつけと言えます。ただし、加工できるのは脆性材料の中でも導電性を有するものに限定されます。

導電性の脆性材料として代表的なものには、LaB6（ランタンヘキサボライド）という材料があります。LaB6には、「電子を放出しやすく、極めて硬く、融点も非常に高い」という特徴があり、電子顕微鏡の電子銃に用いられています。

また、最近では絶縁体のセラミックスの中にも、材料の配合成分を工夫した導電性セラミックスが登場するなど、導電性がある脆性材料が増えてきており、型彫り放電加工を活用する場面が増えつつあります。

ワイヤー放電加工でも同様の加工は可能ですが、底付きの形状が加工できないことやワイヤー径よりも細い加工ができないなど、型彫り放電加工より制約が多いのが実情です。

② 破損対策時の注意点

型彫り放電加工で脆性材料を加工する際に、実際に起きたトラブルの1つとして、脆性材料が破損してしまうという事例がありました。この原因と対策について説明します。

まず、脆性材料の加工概要を示します（**図5-8**）。

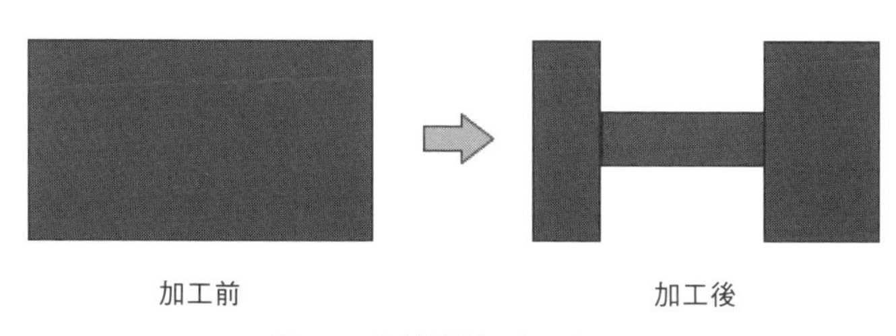

図5-8 脆性材料の加工概要

直方体の脆性材料を、型彫り放電加工により上下にスリットの入った形状に加工します。

脆性材料の加工手順を示します（**図5-9**）。

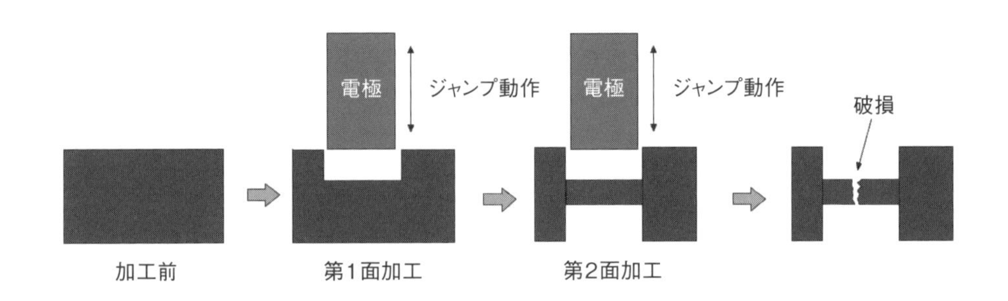

図5-9 脆性材料の加工手順

直方体の脆性材料の上方から、スリットの溝幅よりわずかに細い電極を接近させてスリットを形成します。この時、スリットの角部に加工くずが滞留しやすいので、電極を上下に動かして加工くずの排出を促す「ジャンプ動作」を行っています。

第1面の加工が終わった後、材料を裏返しして第2面の放電加工を行います。この際にも電極は上下方向にジャンプ動作を行っています。そして、第2面の加工が終わった後に確認すると、なぜかスリットを入れた部分が破損しているという現象に直面しました。型彫り放電加工は、非接触加工であり、加工時に脆性材料に力が加わらないはずなのに、どうして破損したのでしょうか。

その理由の1つに、電極のジャンプ動作がありました。

電極のジャンプ動作は、加工くずを排出するために上下方向への移動を繰り返します。これにより、電極が脆性材料に最も接近する下限位置まで近づいた際に、電極と脆性材料の間の加工液を介して衝撃が伝わった可能性があるのです。

では、この破損状況に対して、設計者はどのような対処をとればよいのでしょうか。

まずは、破損した箇所の形状変更が挙げられます。

脆性材料は脆い材料ですから、どうしても剛性が不足します。特に厚みが0.5mm以下となると、放電加工時のジャンプ動作の衝撃でクラックが入りやすくなる傾向にあります。このため、「厚みは0.5mm以上」とすることで破損を抑えられます。

また、エッジ部分は応力が集中しやすく欠けやすいことから、エッジ部分には極力Rを付ける工夫をします。しかし、いつも形状の設計変更を行えるとは限りません。

では、設計変更を行わずに、破損に対処できることはないでしょうか。以下に加工での工夫例を示します（**図5-10**）。

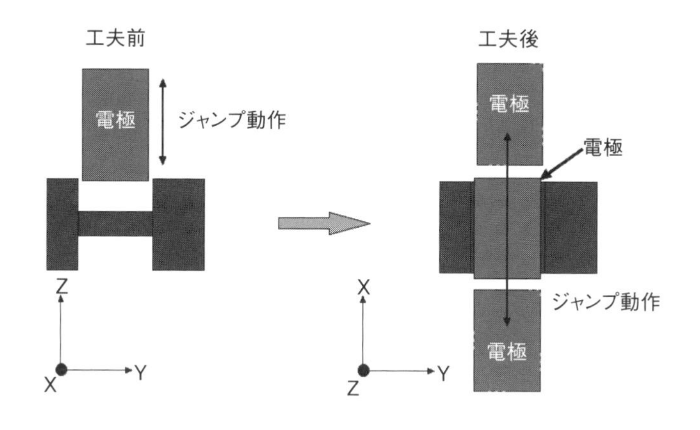

図5-10 加工での工夫

脆性材料の破損は、電極のジャンプ動作の方向が脆性材料に対して接近する方向、または離れる方向（**図5-10**、Z軸方向）であることが原因の1つです。例えば、ジャンプの動作方向を脆性材料に対する上下方向ではなく、左右方向（**図5-10**、X軸方向）にすることで、ジャンプ動作に伴う衝撃を逃がすことができます。結果的に、この対策によって脆性材料の破損をなくすことができたのです。

このように、電極のジャンプ動作の方向を図面上で指定するだけでも、加工時の破損を抑制することができるので、設計者としては、不具合が出たからといってすぐに設計変更するのではなく、加工者と打ち合わせをして、加工の理屈から対処案を検討することを考えてみましょう。

3. ワイヤー放電加工

ワイヤー放電加工は「切断」において非常に効率の良い加工で、エンドミルでは刃長が足りなくてできない「深くて狭いスリット加工」も可能です。

加工の原理は型彫り放電加工と同じく、電極ワイヤーと加工物の間に電圧をかけ、火花を起こして加工していきます。ちょうど、電熱線を使って発泡スチロールを任意の形状に切断するイメージに似ていますが、電熱線での切断と違うのは、ワイヤーと加工物の間に放電ギャップを設けることです。

ワイヤー放電加工機の概要を示します（**図5-11**）。

図5-11 ワイヤー放電加工機（写真提供:株式会社ノムラ）

1）ワイヤー電極線

型彫り放電加工では、毎回加工したい形状に合わせた電極を作るのに対して、ワイヤー放電加工では、規格品の電極用ワイヤーを加工機に仕掛けて使用します。この電極用ワイヤーは真鍮製で、細いものではϕ 0.05、太いものでもϕ 0.3程度の極細のワイヤーが使われます。当然ながら、ワイヤー径が細くなるにつれて溶融する範囲も小さくなるので、加工時間は長くなります。

2）加工液（水）

ワイヤー放電加工の様子を示します（**図5-12**）。

加工機によっては、80mm程度までの厚手の加工物が切断できる機種もあります。ワイヤー放電加工を上手く利用できれば、厚手の金属の切断が効率良く行えます。

図5-12 ワイヤー放電加工の様子

導体材料を切ることが目的のワイヤーカット放電加工では、加工液として水を使います。水は油よりも粘性が低いので加工屑の排出性が良く、加えて比熱も大きくて冷却性に優れているため、水を加工液として使用すると加工速度を速くすることができるからです。

設計目線で見る「なにっ！水平方向はダメだと！？っていう問題」

ワイヤー放電加工では、加工物にスタート穴と呼ばれる小さな穴をあけておき、その穴の上から下へ向けてワイヤー電極線を通します。穴を通った電極線は自動的に結線されて垂直な一筋となり、ここへ電圧をかけて加工物を切っていきます。この仕組みから、ワイヤー放電加工機は、加工物を水平方向に加工することができない機械だということをまず知っておきましょう。

例えば、板の側面に水平なスリットを切りたい時、この場合は加工物を立てて加工することになるので、サイズによっては加工機にセットできないこともあるのです（図5-13）。

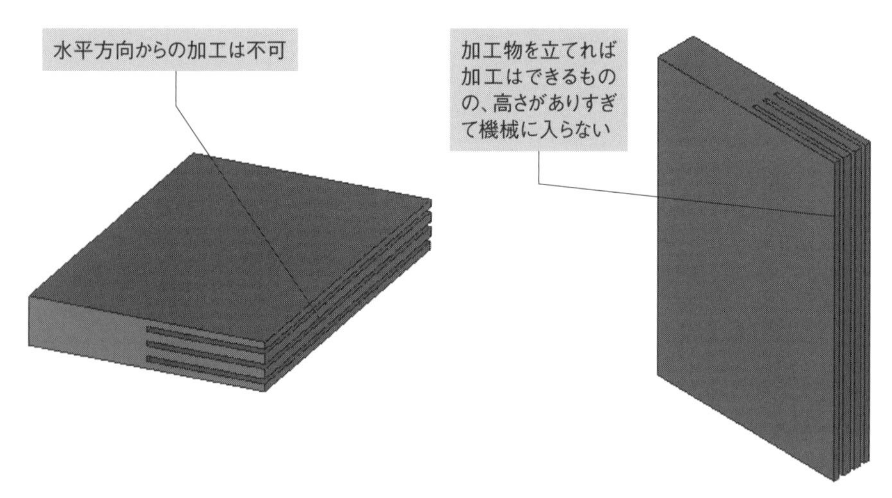

図5-13 ワイヤー放電加工では対応困難な形状例

設計目線で見る「なにっ！スタート穴でコストが変動するだと！？っていう問題」

現在はウォータージェット方式による高速自動結線が主流なので、早く確実に結線できますが、スタート穴の垂直性や位置精度が悪いとうまくワイヤーが通らず、結線に失敗することもあります。ですから、前工程であるスタート穴加工は丁寧に行う必要があります。

また、単純に板を切断するとか切り抜くだけであればスタート穴はひとつで済むのですが、ひとつの外形形状の中に複数の穴やスリットを作るような場合では、穴やスリットの数だけスタート穴が必要になり、電極線の結線回数も増えるので加工時間がかさむことになり、コストが増えます。

設計者として部品コストを意識する上では、このような切断以外の作業が多いほど、トータルの加工時間が長くなることも知っておきましょう。

型彫り放電加工では
加工液が油で、
ワイヤー放電加工では、
加工液が水だけど、
なんで違うの？

水と油とでは電気抵抗が違うんだよ。
油の方が、抵抗値が高く電気を
通しにくいから放電ギャップが小さいんだ。
そのため、仕上がり精度が良く、
精度が必要なものは油中で加工するんだ。

一方で水の方は加工速度が
速いんだ。だから、切り抜
きのようなワイヤー加工で
は水の方が向いているんだ！

4.細穴放電加工

細穴放電加工機の概要を示します（**図5-14**）。

図5-14 細穴放電加工機（出典：株式会社ソディック　K3HS）

細穴放電加工とは、切削加工では対応できない細穴や深穴を放電加工で行うもので、高硬度な焼入れ鋼や超硬合金、タングステン、チタンなどの難削材へも穴加工することが可能です。

電極には、真鍮あるいは銅でできた細長いパイプ状の電極が使われます。電極の外径はφ0.2以下の極細からφ6程度までのサイズがあり、長さは300mmが一般的です。この電極を回転させながら、パイプ内側から高圧の水を送り込むことにより、バリの少ない小径の深穴加工を行います。ワイヤー放電加工機と違い、止まり穴も加工できます。ただし、穴径と穴深さの精度は切削加工のほうがはるかに良好です。

φ(@°▽°@)　メモメモ

アスペクト比（L/D）

アスペクト比とは、穴深さ（Length）を穴径（Diametar）で割った値であり、穴加工の指標です。例えば、φ0.5の穴を5mm深さで加工した場合、アスペクト比は5÷0.5＝10になります。この数値が大きいほど加工難易度は高く、切削加工ではアスペクト比10以上を「深穴加工」と呼び、難加工として扱います。細穴放電加工では、100を超えるような高アスペクト比の深穴加工は十分可能ですが、切削加工と比べて穴の内面の面粗度は悪くなります。

細穴放電加工は、部品加工の手段としてはもちろん、ワイヤー放電加工の前にワイヤー電極を通す「スタート穴」をあけるときにも用いられます。スタート穴には垂直さが必要です。穴が曲がって通っているとワイヤー線を通した時に穴の壁にワイヤーが接触してしまい、肝心な放電ができないからです。特に細径のワイヤー電極を通すスタート穴では、細穴放電加工は最適と言えます。

細穴放電加工はドリルでの穴加工とは違い、電極とワーク間に放電ギャップが必要ですから、あけたい穴径より細いパイプ電極を用います。例えば狙い値が「φ0.18～φ0.19」の貫通穴であれば、φ0.15のパイプ電極を用いるといった具合です（**図5-15**）。

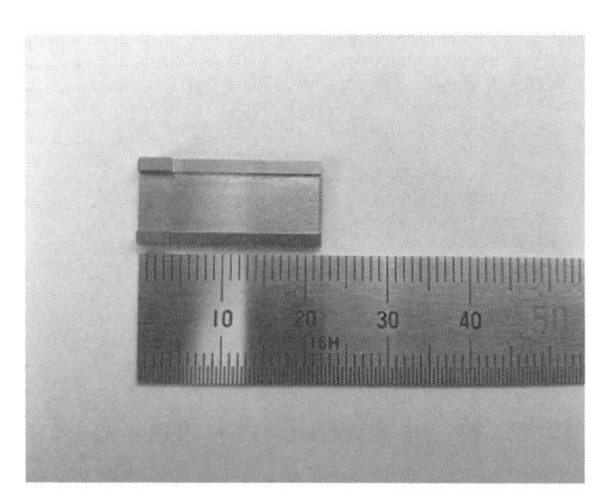

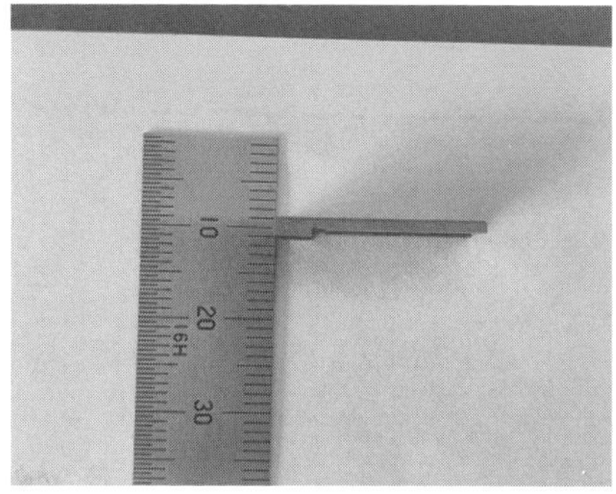

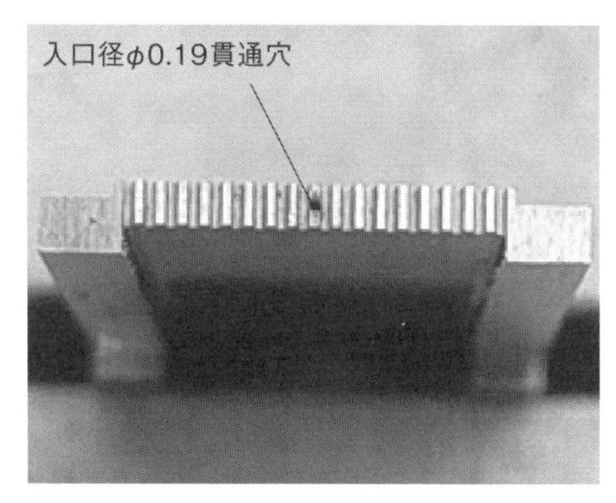

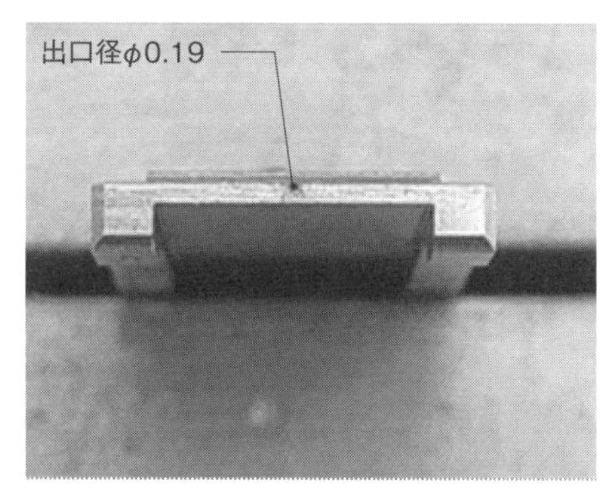

図5-15 細穴放電加工による極小径貫通穴加工例1（写真提供：株式会社エストロラボ）

設計目線で見る「加工難易度が高そうな細穴放電加工の注意点が知りたい件」

設計者として、気をつけるべきポイントを確認しましょう。

1) 電極ガイドとワークの干渉

2) 入口と出口の穴径の差

1) 電極ガイドとワークの干渉

壁際のわずか1mm幅の面への貫通穴加工の事例を示します（**図5-16**）。

この形状は、加工機の電極ガイドとワークとの干渉が懸念されるため、比較的やっかいな加工の部類に入ります。このような「加工不可ではないけれど、工夫しないと加工できない形状」は、加工コストが高くなることを心得ておきましょう。

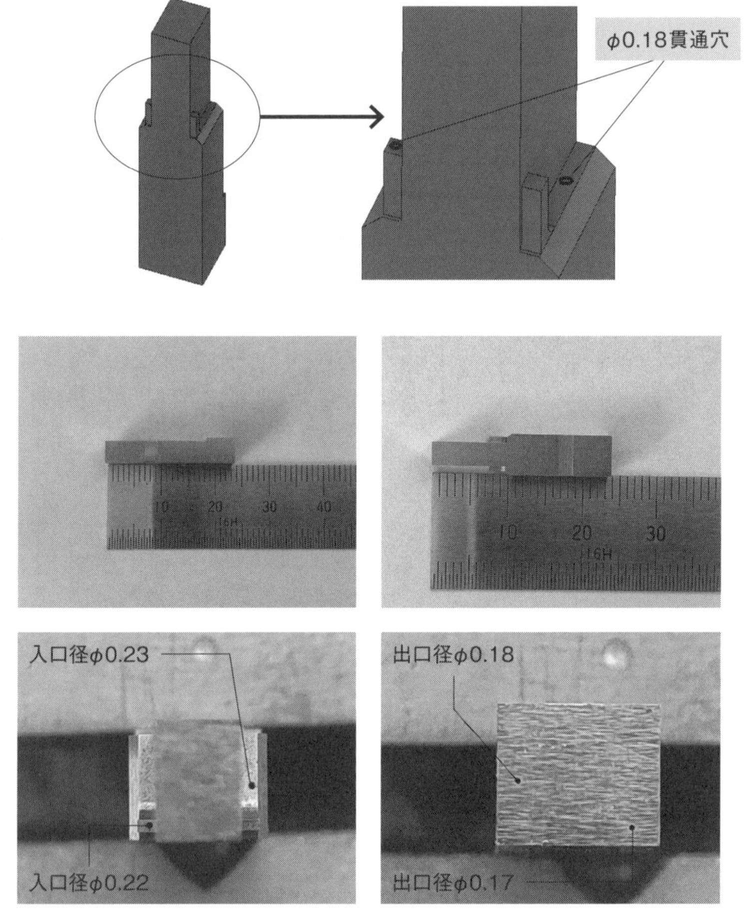

図5-16 細穴放電加工による極小径貫通穴加工例2（写真提供：株式会社エストロラボ）

2）入口と出口の穴径の差

一般的に、穴の入口径は出口径よりわずかに大きめになり、その差は穴深さに比例して大きくなる傾向があります。この入口径と出口径の差をいかに小さく仕上げるかは、加工者のノウハウに依存するところが大きいですし、物によってはワークに研削代をつけて穴加工をし、後工程で入口側の表面を除去するとか、捨て板を重ねてその上から穴加工をすることで、穴の入口と穴中央の径と揃える工夫をします（図5-17）。

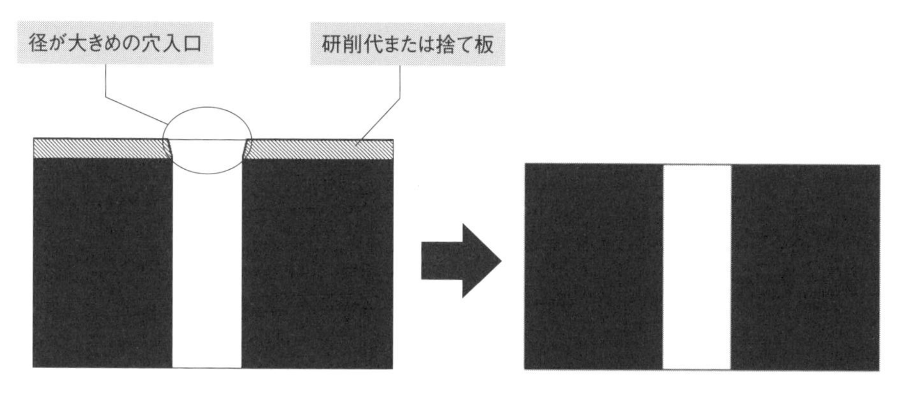

図5-17 穴径を揃えるための加工の工夫

細穴放電加工は、ドリルでの穴加工と比べて当然加工コストは上がります。被削材が切削加工でも十分対応できる鉄鋼や非鉄金属であれば、まず切削加工を検討し、穴の中間に除去できないバリが生じる、工具が折れる、などのトラブルが想定される場合に、細穴放電加工を選択するとよいでしょう。超硬合金への深穴など、切削加工では適応する工具がない場合は、はじめから細穴放電加工を選択することになります。

設計目線で見る「誤算だったな…放電加工とアルマイト処理のイヤな関係」

・アルマイト処理上の留意点

切削加工と放電加工の合わせ技で作る部品は数多くありますが、放電加工された面には酸化被膜ができているので、そのままの状態ではアルマイト被膜の生成が正常になされないことに注意が必要です。そのため、アルミの加工物を放電加工したあとにアルマイト処理を行う際には、図面に「酸化皮膜を除去のこと」と、除去する箇所を含めて指示すると、加工者にいらない心配をさせずにすみます。

アルミ自体は溶融しやすい金属なので、鉄系の加工物よりも加工速度が速く、短時間で放電加工が可能ですが、裏にこうした注意点があることを知っておきましょう。

・アルマイト処理された加工品の留意点

アルマイト処理されたアルミ加工品では、アルマイトが絶縁被膜であるために、そのままでは通電できず放電加工ができません。どうしてもアルマイト処理後に放電加工を行う場合は、加工対象箇所のアルマイトを剥離する必要があります。

通常は、アルマイト加工した部品を後から放電加工することは少なく、追加工の際にそのような状況になるかと考えられます。

設計者として、このような場合、部分的にアルマイトがはく離されても機能的に問題ないのかを確認しなければいけません。

設計目線で見るレーザ加工

レーザ加工とは

レーザ加工とは、レーザ光をレンズで集光させ、エネルギー密度を増大させることにより、加工物の表面温度を上昇させ蒸発させて、切断や穴あけ、彫刻、肉盛り、マーキングなどを行う加工法である。

レーザ加工の最大の利点は、非接触加工のため加工歪がなく、金型なしに自由な形状を切断できることです。加工範囲は、鉄鋼板ならば0.1～12 mmまで可能で、工具交換不要で加工スピードが速いことから、板金部品のブランク製作の主流にもなっています（**図5-18**）。

図5-18 産業用レーザ加工機 （出典：株式会社アマダ LC-αVシリーズ）

放電加工では、加工物の材質条件が導体であるのに対して、レーザ加工では、鉄鋼、非鉄金属などの金属板をはじめ、絶縁体である木材、樹脂、セラミックス、布、皮革、ガラス、繊維、ゴムも加工することができます。設計者としては、加工物の材質と加工内容、そしてコストを鑑みて、どちらの非接触加工を適用するかがすぐ判断できるのがベストです。

レーザ加工の全般的なメリットをまとめたのでご覧ください（**表5-1**）。

表5-1 レーザ加工のメリット

絶縁素材の加工が可能	・樹脂やゴム、脆性材のセラミックスの加工が可能
加工速度が速い	・レーザの高エネルギー化により高速加工が可能。
熱の影響による変形抑制	・的を絞ったレーザ光照射により、熱変形を抑制できる。
設備のメンテナンスが楽	・工具の摩耗、交換が不要。
バリ、カエリが出ない	・機械的なせん断とは違い、切断面にバリやカエリが出ない。 ・切りくずが出ない

それでは、レーザ加工の基礎知識を確認していきましょう。

1. レーザ加工の原理
2. レーザ加工の種類と特徴

1. レーザ加工の原理

レーザ加工の原理は、太陽光を虫眼鏡で集光して、紙を焼く原理と同じです。レーザによる切断加工は、レンズで絞った焦点位置を加工物の表面近くに合わせて、レーザ熱源と補助ガスを高速で吹きつけながら、0.2～0.4mm程度の切断幅で切るというものです（**図5-19**）。

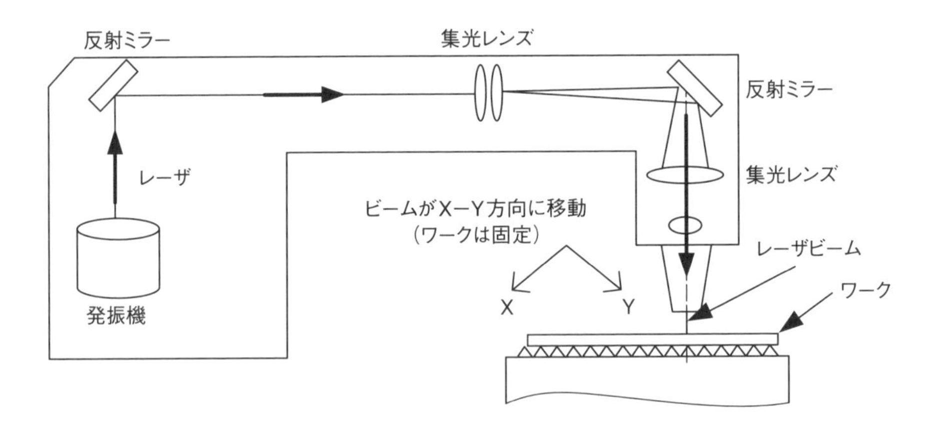

図5-19 レーザ加工機の原理

2. レーザ加工の種類と特徴

一般的な金属加工用としては、CO_2、YAG、ファイバの3種類のレーザが使用されており、それぞれの特徴を説明します。

1) CO_2レーザ
2) YAGレーザ
3) ファイバレーザ

1) CO_2レーザ

3種類のレーザ加工機の中で最も安価であり、レーザ加工の主流です。これは、レーザの発振媒体として二酸化炭素を利用しているガスレーザタイプの加工機で、赤外線を発振してレンズで集光し、そのエネルギーを材料に吸収させることで切断していきます。

ただし、赤外線を吸収できない性質を持つ純アルミや伸銅は、基本的にCO_2レーザでの加工は不向きなので注意が必要です。

2) YAGレーザ

CO_2レーザと比較すると、加工機の値段やランニングコストは高いです。金属加工では、主に溶接とマーキングに使用され、金型の補修にも使われます。

溶接では、薄い素材でも変形や歪みがなく、きれいに仕上げることができる上、溶接スピードも速いことが利点としてあげられます。

製品の表面等に文字や記号を書くマーキングでは、材料の表面をわずかに除去するので、経年でも文字が消えにくい利点があります。

3）ファイバレーザ

近年普及が進んでいるレーザです。ファイバレーザは、集光性に優れた光ファイバを媒体にして、赤外線よりもずっと短い波長のエネルギーを使って切断します。それによって、赤外線を吸収できないためにCO_2レーザでは加工が不向きとされている、伸銅や純アルミなどへのレーザ加工ができます。また、微細加工にも適しています（**図5-20**）。

最近では、同時に異なる材料をセットして、各材料に適切な条件を自動で割り出して切るような機種も登場し、中には厚さ3mmまでの銅も切断できるなど、著しく進化しています。

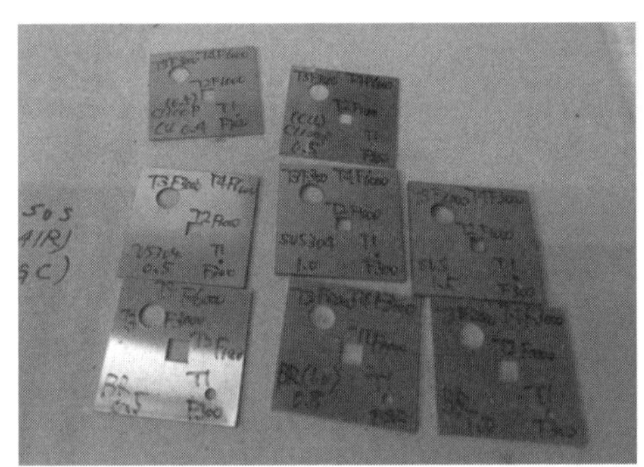

図5-20 伸銅のファイバレーザ加工品

■D(￣ー￣*)コーヒーブレイク

純アルミを誤ってCO_2レーザで加工したら、惨事になるというおはなし

「赤外線を吸収できない材料は、CO_2レーザでの加工が不向きである」というポイントは重要です。材料が赤外線を吸収できないということは、加工物の表面に焦点を合わせて集光されたレーザのエネルギーが、集光レンズに跳ね返ることになるからです。すると最悪の場合、レーザ加工機の要であるレンズが破壊されてしまいます。壊れたレンズは交換するしかありませんし、交換できるまでの間、加工機を稼働させることはできなくなります。これは会社にとって機会損失になります。

赤外線を吸収できない材料のうち、伸銅品は色で判別できますが、純アルミは、レーザで頻繁に加工されるA5052Pと見比べてもそう簡単に判別できません。誤って純アルミをレーザ加工機に乗せないために、加工しようとするそれがアルミ合金なのか純アルミなのか、誰もが正しく判別できるような、材料管理の仕組みとルール作りは大切なことです。

設計目線で見る「レーザ加工のクセ：突起が残る問題」

設計者として、気をつけるべきポイントについて確認しましょう。

1）突起
2）荒れ
3）直角度
4）ドロスの影響
5）コストパフォーマンス

1）突起

レーザ加工では、直線・曲線にこだわらず、あらゆる外形形状を切り出せます。加工はピアシング穴を作るところからスタートし、一筆書きの要領で形状を切り出していきますが、切り終わりは、ピアシング穴の手前になります。そのため、切り終わりにわずかな突起が残ります（**図5-21**）。

設計者として、このわずかな突起が許容できるのか、どこに配置されれば許容するのかまで加工側と打ち合わせをして図面に明記できれば、無駄な不具合を未然に防ぐことができるでしょう。

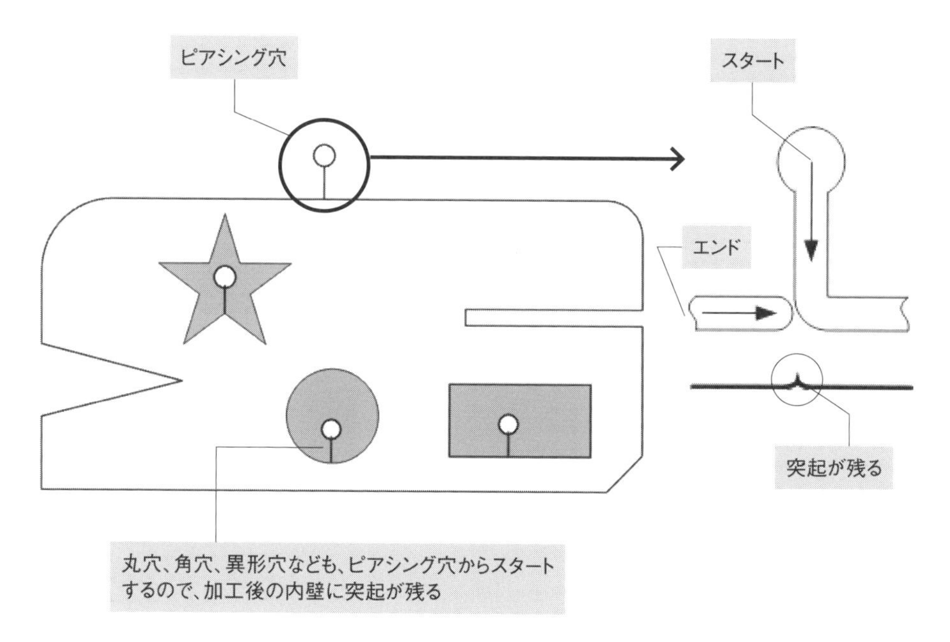

図5-21 切り終わりに生じる突起

設計目線で見る「レーザ加工のクセ：溶断面は意外と汚い問題」

レーザ加工は、金属を溶かして切る、いわゆる「溶断」ですから、熱による変形や反りが出ることもあります。それに加えて切断面は粗く、切削加工やワイヤー放電加工のような滑らかさは出せません（**図5-22**）。

これらの欠点のため、H穴のような精度穴の加工は、レーザのみでは不可となるので注意します。設計者としては、下穴をレーザで切った後工程で、リーマ通しをして仕上げるところまでを要求事項として図面に指示できるとベストです。

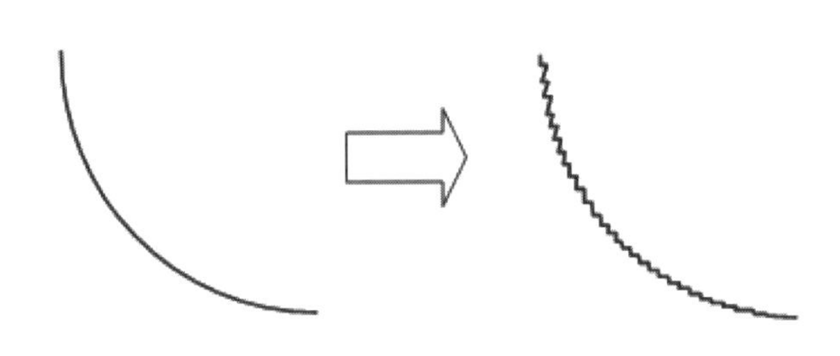

図5-22 レーザの切断面イメージ

設計目線で見る「レーザ加工のクセ：まっすぐに切れてない問題」

集光されたレーザ光は円錐型をしています。そのため、一般的にはレーザ加工で金属板を切断すると、板の表面では切断幅は大きく、裏面では切断幅は小さくなり、切断面はレーザ光とほぼ同じ形状の、テーパ面になります。この表面と裏面の切断幅の差は、板厚に比例して大きくなると考えておきます（**図5-23**）。

設計者として、板の端面を機能的に使用する場合、直角度が悪くなっていることに留意しましょう。

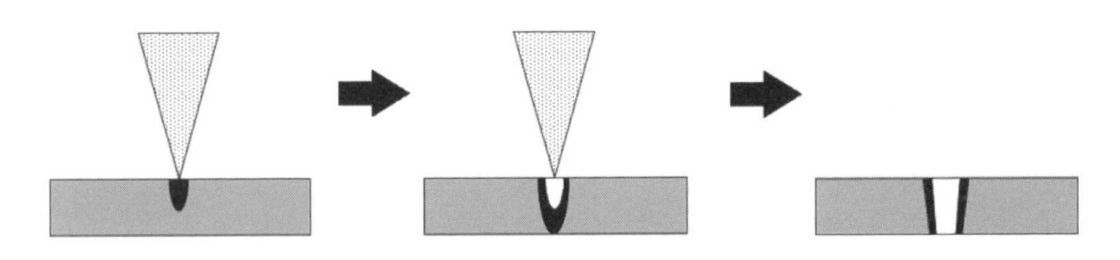

図5-23 レーザの切断過程

設計目線で見る「レーザ加工のクセ：焼きが入ってしまう問題」

レーザ加工では、加工部の裏面に溶融物が付着する場合があります。これをレーザドロス（以下、ドロス）と言い、発生度合いは、材質と板厚、加工条件によって変わってきます。

ドロスは、加工物の厚みが薄ければ、補助ガスの圧力が効いて裏面に強く排出されますが、板が厚くなるにつれて、切断面には溶融金属の熱がとどまりやすく、レーザ光の照射幅以上に断面に熱が伝わってドロスが増加し、裏面の切断幅のほうが大きくなる傾向が強くなってきます（**図5-24**）。

厚板を加工する場合は、補助ガスの圧力を上げる、切断速度を高速にするなどの条件変更で、ドロスの付着と逆テーパの発生を抑える工夫が必要です。

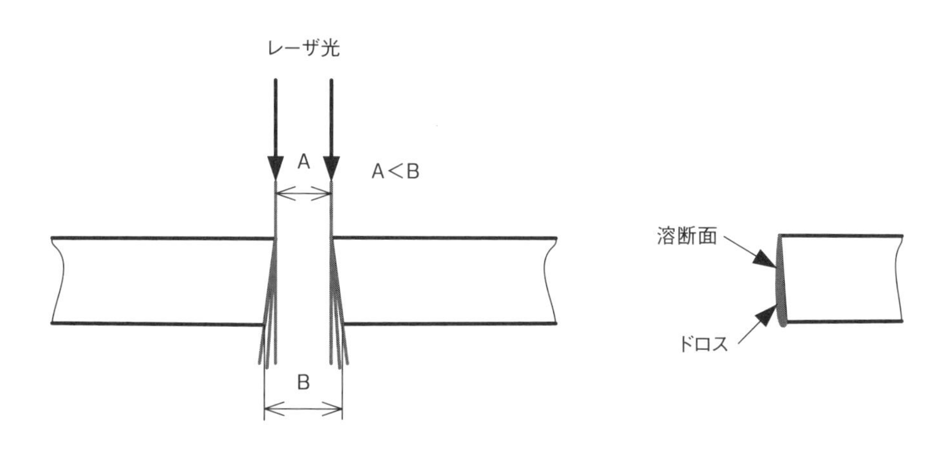

図5-24 厚板に付着するレーザドロス

板ばねのブランクをレーザ加工で製作する場合、ドロスによって切断面が硬化してしまいます。そうすると、板ばねの押圧が設計計算値より強くなって、不具合を生じる場合があります。設計者として、このようなことを想定できれば、おのずと図面に「レーザ加工の場合はドロス除去のこと」と指示をすることもできるようになります。

3. レーザ加工のコストパフォーマンス

「金属スペーサ」の部品図面をご覧ください（図5-25）。

φ85×φ35×厚さ5mmの面に、φ13の穴がP.C.D 60上に8箇所あいています。公差はどれも普通許容差です。この部品を作る方法はいくつもありますが、コスト重視で検討してみましょう。

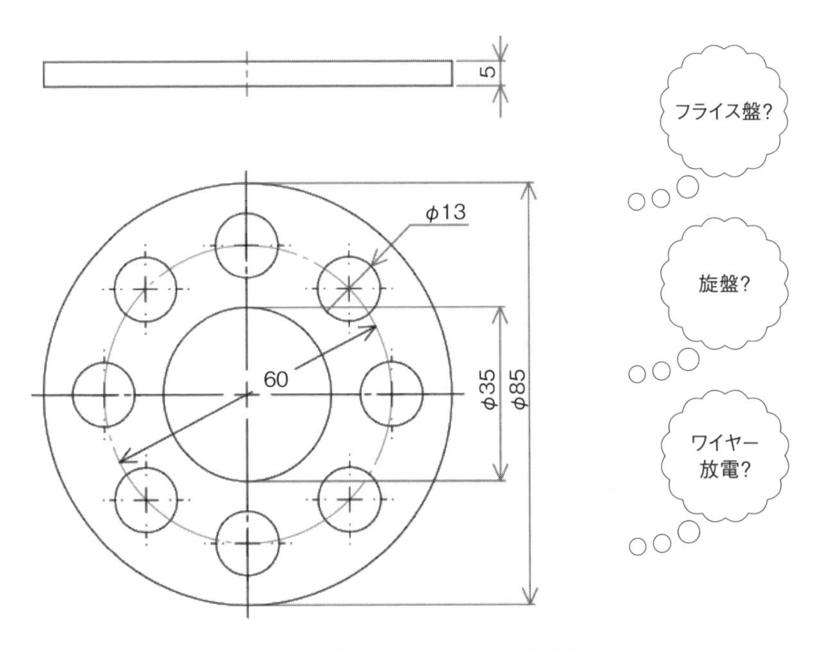

図5-25 金属スペーサ図面

旋盤加工品として検討すると、8箇所のφ13は別工程になります。穴の位置をケガキしておいてボール盤であけるか、フライス盤であけるかになり、少なくとも2台の機械を使うことになります。

フライス加工品として検討すると、外形形状は円弧切削ですから、ここはNC機を使いたくなります。NC機を使うには、プログラムを作成する必要があります。

もし、この金属スペーサの必要数が1個だけだったら、この1個の加工コストにプログラム作成費用がそっくり乗ることになります。加工に使う機械は1台で済みますが、初期費用は増すわけです。

本章のワイヤー放電加工も有効な方法ですが、切削加工に比べて加工時間が長いことと、スタート穴の用意に別の機械が必要になるので、却って手間がかかりコストは高くつきます。

これをレーザ加工品として検討してみましょう。

レーザ加工なら、「加工の段取り時間が短く済む」「加工機に材料を乗せるだけで、最終形状まで加工できる」「加工の速度が切削加工よりも速い」という3つのメリットがあげられ、コスト重視なら、レーザ加工が最善策だと言えます（**図5-26**）。

図5-26 レーザ加工で製作した金属スペーサ

このように、「これはレーザ加工がベストかも…！」と推定できると、フライス加工や旋盤加工で加工しやすい形状を考える必要がなくなります。そうすると形状設計の自由度が大きく増えるため、軽量化や剛性アップ、別の機能の追加など、他の工夫に目を向けることができます。

第6章

コストダウンの救世主！「板金加工」

板金加工とは、鉄鋼や非鉄金属の薄板に力を加えて、「切断」、「パンチ」、「曲げ」、「絞り」等の塑性変形を起こすことによって、目的の立体形状を製作する加工方法のこと。
これによって作られる部品を、板金部品と呼ぶ。
プレス加工は、板金加工の量産方式と言える。

第6章　1

設計目線で見る切断加工

シャーリング（切断）加工とは

シャーリング加工とは、ある「シャー角」を持つ上刃と下刃の間に板金用薄板材料をセットし、上刃を下に押し付けることによって、ハサミと同じ原理で薄板材料を直線状に切断（せん断）する加工のことである。

板金加工とは、「薄板から立体形状を作ること」です。

加工の始まりは、仕上がりの立体形状を平面に開いて、折り曲げる前の外形形状と寸法、曲げの位置を決めるところからで、これが展開図です。これは、ペーパークラフトを思い出してみると理解しやすいですね。

ペーパークラフトでは、1枚の紙の中に数種類のパーツが面付けされていて、それを切り離して折り曲げると、それぞれの立体部品ができます。その立体部品を組み立てて構造物が完成しますから、ペーパークラフトの材質を金属に置き換えれば、それは板金製品そのものということになります（**図6-1**）。

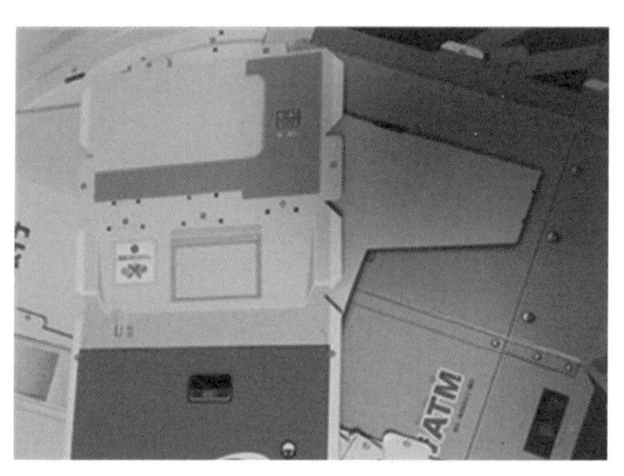

図6-1 ペーパークラフトの展開部品
（出典:小学館「幼稚園」2019年9月号付録）

それでは、板金加工の概要と、切断加工の基礎知識を確認していきましょう。

1. 板金加工に用いる材料
2. 板金加工の基本的な流れ
3. シャーリング加工の原理

1. 板金加工に用いる材料

板金加工にはそれ専用の材料があります。

JISで規格化された工業材料のうち、金属材料は、鉄鋼と非鉄に分類されます。鉄鋼は、含まれる炭素量が多いと硬くて塑性変形しにくいため、炭素量0.08～0.3%の低炭素鋼を板金加工に適したものとしています（**図6-2**）。

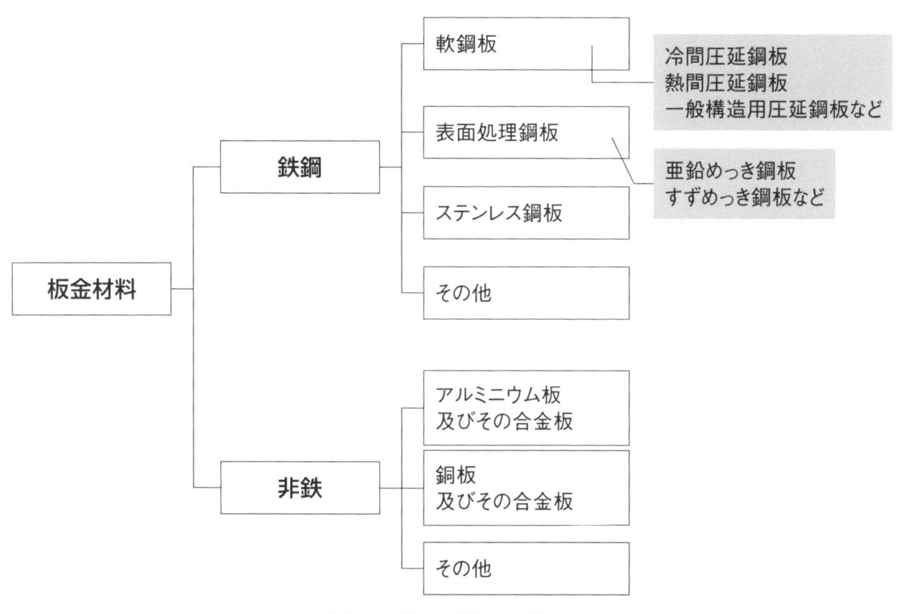

図6-2 板金材料の種類

1）鋼板の板厚規格

鋼板の板厚規格を示します（**表6-1**）。

板金材料の板厚は、規格の中から適したものを選定することになります。板厚は標準数が元になっているので、ミリメートルではやや中途半端な数値になることも知っておきましょう。標準数は製図における表面粗さの数値にも使われています。

表6-1 板金用鋼板の板厚規格

標準厚み(t)									
1.2t	1.4t	1.6t	2.3t	3.2t	4.5t	6.0t	9.0t	12.0t	16.0t
19.0t	22.0t	25.0t	28.0t	30.0t	32.0t	35.0t	40.0t	45.0t	50.0t

2）鋼板の定尺

鋼板の定尺を示します（**表6-2**）。

定尺とは、規格化されて市場で流通している標準サイズのことです。これは尺貫法が元になっているので、やはりミリメートルでは中途半端な数値になります。ただし、ステンレスや伸銅品は、鋼板とは規格が若干異なります。

表6-2 板金用鋼板の定尺

幅×長さ(サイズ)尺またはmm			
914×1829	1219×2438	1524×3048	1524×6096
3尺×6尺(サブロク)	4尺×8尺(シハチ)	5尺×10尺(ゴットウ)	5尺×20尺

鋼板のサイズは
尺貫法なんですね

厳密に言うと、日本に鋼板が
流通しはじめた当初のインチやフィート
という単位が日本の尺に近い寸法だったから
そのまま尺で呼ぶのが定着したんだよ

2. 板金加工の基本的な流れ

一般的な板金加工の手順を示します（**図6-3**）。

板金加工は切削加工と違い、板を折り曲げて立体形状を作っていくものですから、加工は2次元からのスタートです。そう聞くと、なんとなく切削よりも簡単そうに思いがちですが、金属の板を曲げて形状を作る時、曲げの外側には伸びが、内側には縮みが生じます。それを考慮して加工を進めなくてはなりません。

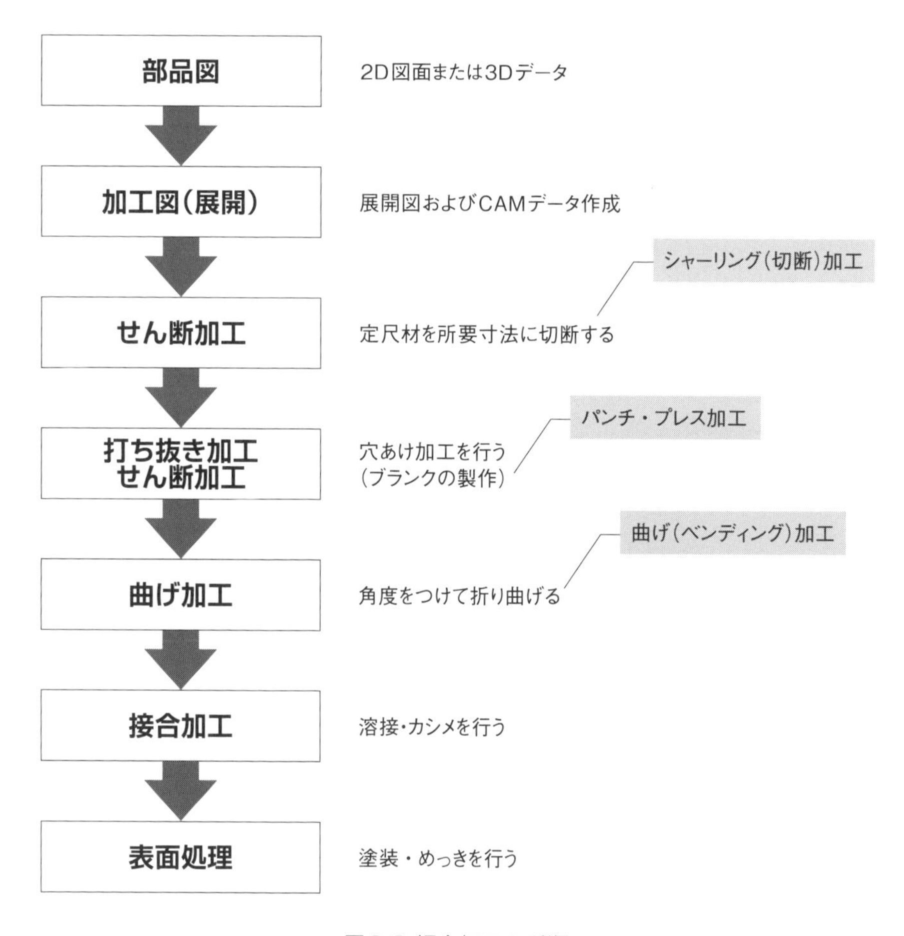

図6-3 板金加工の手順

3. シャーリング加工の原理

板金材料の定尺は、小さいサブロク板（914×1829）でも十分大判です。これを取り回ししやすいサイズに切断する作業が「シャーリング加工」で、シャーリング加工をする工作機械がシャーリングマシンです（図6-4）。

使い方は、切断寸法に位置決めした「バックゲージ」に材料を突き当てて、上刃を下降させて切断するというシンプルなものです。金属板を直線に切断するだけなら、加工速度とコストの観点から非常に有能な機械と言えます。

シャーリング加工の原理はハサミと同じで、ある「シャー角」をもった上刃（稼働刃）と下刃（固定刃）の間に材料をセットして、上刃を下に押し付けることによって材料を直線状に切断する仕組みです。

シャーリングマシンが切断できる長さは定尺によってさまざまですが、刃の長さには限界があるため、長さ6m以上の切断には向きません。また、切断できる板厚にも限度があります。最も使われる鋼板の場合、板厚6mm程度の切断になると、刃物の欠けや故障の原因となりますし、反対に下限より薄い板を切断すると、バリやソリが発生するため注意が必要です。シャーリングでの加工限界を超える鋼板の切断には、レーザ加工機などが使われます。

図6-4 シャーリングマシン （出典：株式会社アマダ DCTシリーズ）

それでは、シャーリング加工の要点について見ていきましょう。

1）シャー角

2）クリアランス

1）シャー角

シャー角とは上刃と下刃の開き角度のことで、材料のせん断に要する力を小さくするために付けられています。シャー角を大きくすると小さい力でも切断できますが、切断中の板材が安定しないため寸法精度が落ち、切り口が荒くなります。板厚・材質や、刃物の摩耗度合いによって、シャー角の設定が重要になります（**図6-5**）。

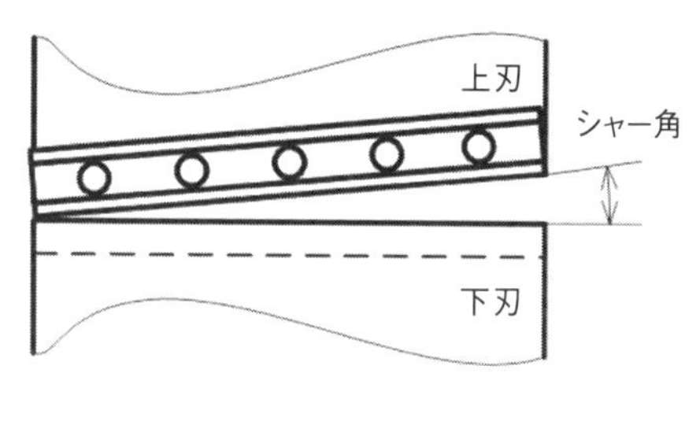

図6-5 シャー角

金属は、物理的な力がかかると必ず伸びます。ですから、シャーリングで金属板を切断する場合は、上刃が当たる面には「ダレ」が、その裏側には「カエリ（バリ）」が必ず発生することを理解しておきましょう。バリは、除去しないままでおくと後工程に悪影響を及ぼす可能性があるので、設計者としては、図面上にバリ除去の指示を明記するなどの配慮が必要です。

2. クリアランス

シャー角と合わせて重要なのが、上刃と下刃の隙間の量です。これをクリアランスと言います。クリアランスが大きいとダレが大きく発生してせん断面が荒くなり、カエリ（バリ）が増えますが、小さいと刃物の欠けや加工不良の原因になるので、板厚や材質に応じた「クリアランス量」の調整が重要になります（**図6-6**）。

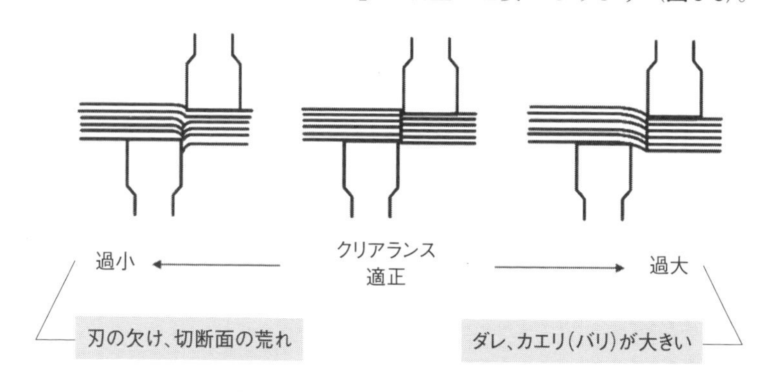

図6-6 上刃と下刃のクリアランス

第6章 | 2

設計目線で見る パンチ・プレス加工

パンチ・プレス加工とは

パンチ・プレス加工とは、ターレットパンチプレス（通称：タレパン）という工作機械と金型を用いて、金属板の打ち抜き加工をすることである。

ターレットパンチプレスでは「ターレットドラムステーション」と呼ばれる円盤状の工具台に各種形状の汎用金型をセットして、NC制御によって外形加工や穴の打ち抜き加工を行う。

定尺サイズの材料を切断した次の工程が、パンチ・プレスなどを用いた打ち抜き加工です。

それでは、パンチ・プレス加工の基礎知識を確認していきましょう。

1. プレス加工の種類
2. 展開データの作成
3. ブランクの製作
4. ゴムやフィルム、電子部品の加工に用いられる「抜き型」

1. プレス加工の種類

プレス加工の種類を示します（**表6-3**）。プレス作業は、単一作業の場合と、複数の作業を同時または連続で行う複合作業とがあります。

表6-3 プレス加工の種類

せん断加工	曲げ加工	絞り加工	圧縮加工
せん断	V曲げ・L曲げ	絞り	圧印・コイニング
打ち抜き・形を抜く		ビーディング	アプセテッティング
ピアシング	Z曲げ	張り出し	インディング
シェービング・縁仕上げ	カーリング・ヘミング	バーリング	マーキング・刻印
スリッティング	ねじり曲げ	ルーバリング	
ハーフブランキング			

2.展開データの作成

展開データの作成では、まず2次元CADデータの投影図から3D投影モデルを作成し、曲げによる伸び値を計算してから平面に展開する手順が一般的です。この作業はコンピュータで行います（**図6-7**）。

図6-7 板金専用3DCADと自動プログラム作成ツール
（写真提供：株式会社トライアン相互）

板金専用3DCADを使って2次元の投影図を取り込み3Dモデルを作成した段階で、ソフトウェアが認識しない形状があれば手入力します。その後、3Dモデルデータに板厚の矛盾がないかを確かめてから2次元に展開します（**図6-8**）。

この後、展開データと元図面を入念に照合し、矛盾がないか、干渉部分はないか、曲げ不可なポイントはないか等の確認と、寸法チェックを経て、加工プログラムが作成されます。作成される加工プログラムは、「外形加工用プログラム」と「曲げ加工用プログラム」です。

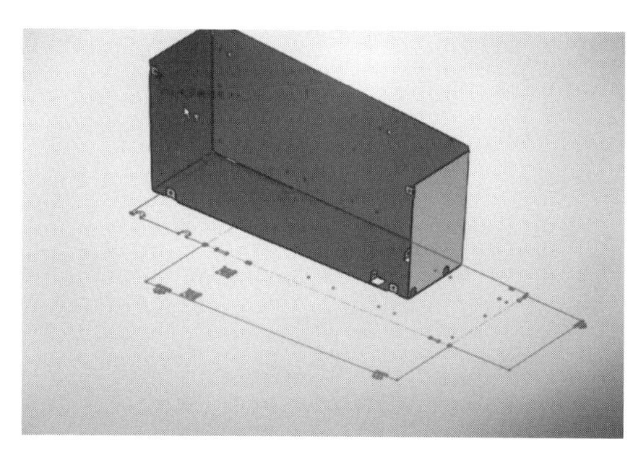

図6-8 3Dモデルからの展開データ生成

3. ブランクの製作

展開データから加工プログラムを作成したら、次に外形加工を行います。この過程で作られるものが「ブランク」です。使う材料と板厚が同じであれば、複数の展開データを1枚の材料に面付けすることで、1回の段取りで複数のブランクを加工できて合理的です。

ブランクの製作は、ターレットパンチプレスまたはレーザ加工機を用いて行います。ターレットパンチプレスは、ターレットドラムステーションと呼ばれる工具台にセットしたさまざまな形状のパンチ（金型）を使い分け、組み合わせながら、外周切断、丸穴や角穴抜きを行う工作機械です。シャーリングが直線状の切断であったのに対して、パンチングは穴形状の切断を言い、これはちょうど、紙に穴をあける2穴パンチのような仕組みで金属板を瞬時に打ち抜きますから、形状を描きながら切断するレーザ加工機よりも、加工速度が速いことがメリットです（**図6-9**）。

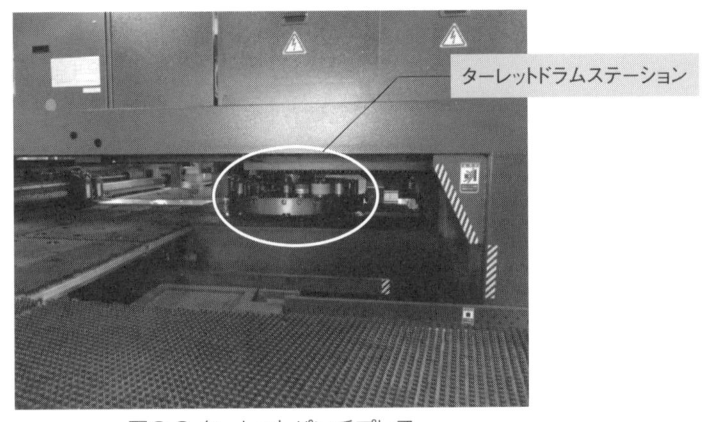

図6-9 ターレットパンチプレス

最近では、より効率の高い加工ができる「パンチ・レーザ複合機」を導入する現場が増えています。この機械では切断、穴あけだけではなく、従来別工程にしていたバーリングやタッピングなどを統合して1台でこなすことができます（**図6-10**）。

図6-10 パンチ・レーザ複合機　（写真提供：株式会社トライアン相互）

ターレットパンチプレスで用いられるパンチの形状の一例を示します（**図6-11**、**図6-12**）。

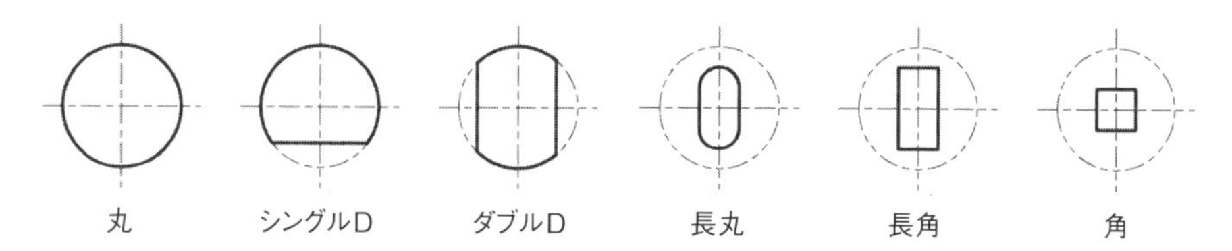

図6-11 一般的な標準パンチの形状

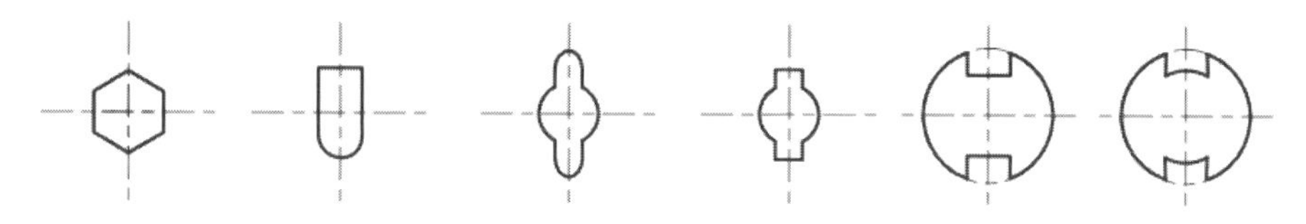

図6-12 その他のパンチの形状

プログラムに沿ってこれらのパンチを連続して打つことで目的の形状に加工することを、「追い抜き、ニブリング」と呼びます。こうして様々な外形形状を加工することができます（**図6-13**）。

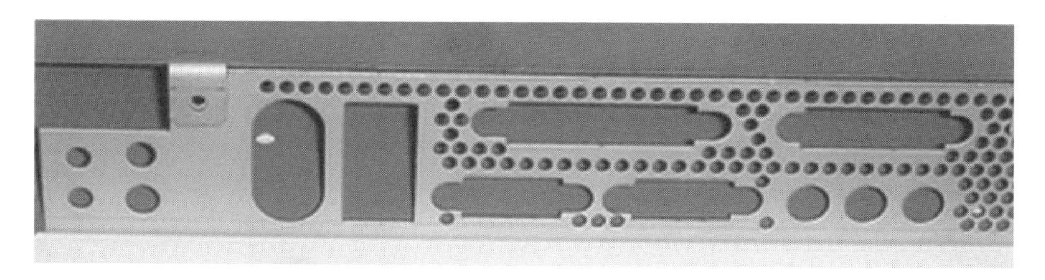

図6-13 ターレットパンチプレスによる追い抜き加工例

設計目線で見る「金属材料はどのくらいの力で切れるのか知りたい件」

金属板を打ち抜くのは機械がやることとしても、設計者としては、一体どれほどの力がかかれば打ち抜きが成立するのを知っておきたいところですよね。これには計算式があります。

打ち抜きに必要な力を「総トン（t）数」とし、この求め方は、板厚×パンチ外周長×材質相当のせん断抵抗値（**表6-4**）で求めた値を1000で割ります。

$$総トン数 = \frac{パンチ外周長 \times 板厚 \times せん断抵抗}{1000}$$

表6-4 材質別のせん断抵抗値

材質	せん断抵抗値
SPC･SPH	35kg/mm^2
ステンレス(SUS430)	45kg/mm^2
ステンレス(SUS304)	55kg/mm^2
アルミニウム	20kg/mm^2
真ちゅう(黄銅)	30kg/mm^2
(6-4チタン)	(88kg/mm^2)

例として、板厚3.2mmのSPCにϕ50の穴をあける場合の総トン数を計算します。

ϕ50のパンチの全周長は、50π（50×3.14）。SPCのせん断抵抗値は35。すべての値を掛けると17584です。これを1000で割ると17.584。これが総トン数ということになります。

$$総トン数 = \frac{50\pi \times 3.2 \times 35}{1000} = 17.584(t)$$

4. ゴムやフィルム、電子部品の加工に用いられる「抜き型」

金属の打ち抜き型とは異なる立ち位置で、工業製品生産を支える「抜き型」を取り上げておきます。抜き型は、紙箱やペーパークラフトなどの紙器生産に用いられることが多いのですが、実は電子部品や機械部品の量産手段としても欠かせないものなのです。

最大のメリットは、金属製の本金型と比較して型の製作期間が数日程度と早い上に費用がとても安いので、開発にかかるイニシャルコストを抑えられることです。

スポンジやフィルム、ゴム板を用いて振動抑制、緩衝、防塵用等に使われる部品の加工を検討する際は、それが試作や少量であればレーザ加工がベストですが、数十、数百程度のまとまった数量を製作するような場合は、抜き型の利用を視野に入れるとよいでしょう。

1）トムソン型（ビク型）

代表的な抜き型は、「トムソン型」や「ビク型」と呼ばれるものです（**図6-14**）。本書では名称を「トムソン型」で通し、トムソン型による加工を「トムソン加工」と称します。

トムソン型の構造はシンプルで、合板のベースに加工したい形状どおりにレーザで切込みを入れて「トムソン刃」を埋め込むものです。刃の周囲には密度の高いスポンジがはめられており、これはゴムのような性質があります。その弾性によって刃を通した材料を跳ね返して抜ききります。

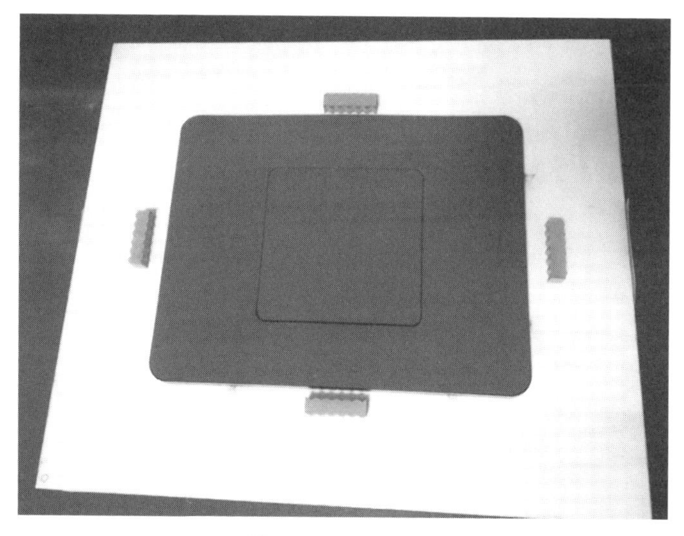

図6-14 トムソン型

① トムソン刃

トムソン刃には厚さ0.45～1.5、高さ12.0～40.0までのバリエーションがあり、一般的には刃先角度42°の両刃が用いられます。離型紙を抜かないハーフカット（シール刃）、材料は切らずに筋だけを入れる筋刃など、用途に応じてさまざまな刃のタイプがあります。

スポンジを外して刃部を拡大すると、よりはっきり刃の形状がわかります（**図6-15**）。

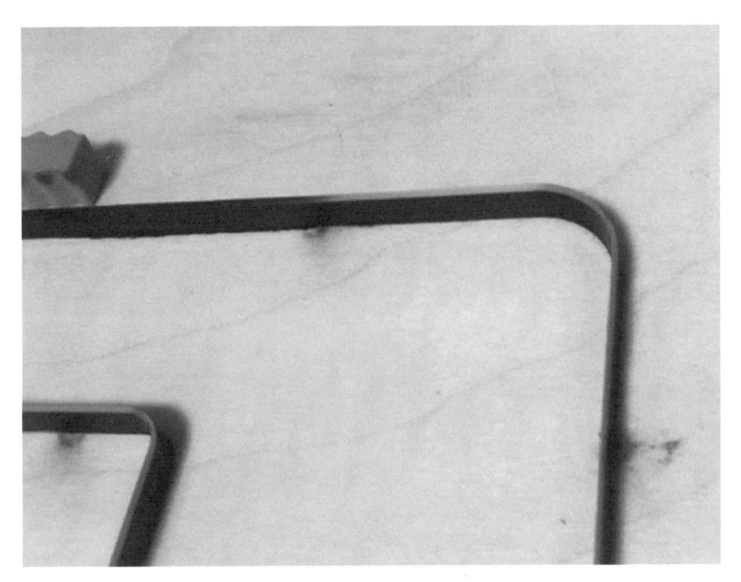

図6-15 トムソン刃拡大

■D(￣ー￣*)コーヒーブレイク

トムソン型とビク型

2つの名称の違いについては諸説ありますが、「トムソン型」はトムソンプレスで加工するもので、「ビク型」はビクトリア打抜機で加工するものという説が一般的です。

トムソンプレスはプレス機の仲間ですが、ビクトリア打抜機は活版印刷機のような機械です。ただ、どちらの機械を使おうと、やることは同じなので、現在ではそれぞれ馴染んだ名称で呼ばれています。

2）トムソン加工の方法

トムソン加工は、紙や接着層を持つフィルム、ゴムシート、スポンジといった、通常のプレス加工では作業がしにくい、薄くて柔らかな材料には最適な方法です。これはプレス加工が「上下の刃で挟み切る」のに対して、トムソン加工では「片一方から刃を強く当てることによるせん断」だからです。

トムソン加工の方法は、次の2通りになります（**図6-16**）。

① 専用のトムソンプレス機を使う

② 汎用プレス機を使う

① 専用のトムソンプレス機を使う

抜き加工に特化した機械なのでもともとストローク長が短く、判を押すように素早い連続抜きができる上に、ワークエリアが広いので、面積の大きな材料をフラットにセットできます。プレス時は“下から上”に可動することも特徴の1つです。

② 汎用プレス機を使う

一般的なプレス機や卓上プレスでも、抜き型の固定を工夫することでトムソン抜きができます。ただしプレス機の仕様上、面積の大きな材料の加工にはあまり向きません。

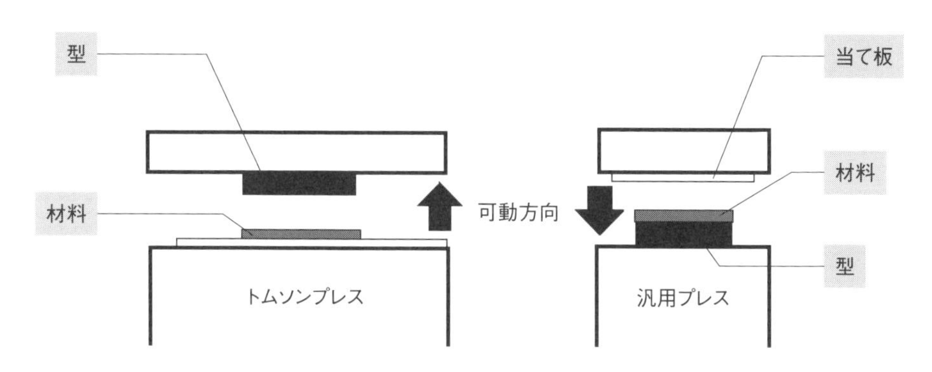

図6-16 トムソンプレスと汎用プレスによる抜きの違い

3）ピナクルダイとNC彫刻型

シンプルな形状であればトムソン型で十分対応できます（**図6-17**）。ですが、中には複雑形状だったり吹けば飛ぶような極小部品も存在します。

こうしたケースで用いられる抜き型としては、エッチング（金属への腐食加工）で刃を造形した後にシャープニング加工を施した、精密抜き型「ピナクルダイ」が有名です。

※ピナクルダイは、トムソン刃メーカーである塚谷刃物製作所の商標です。

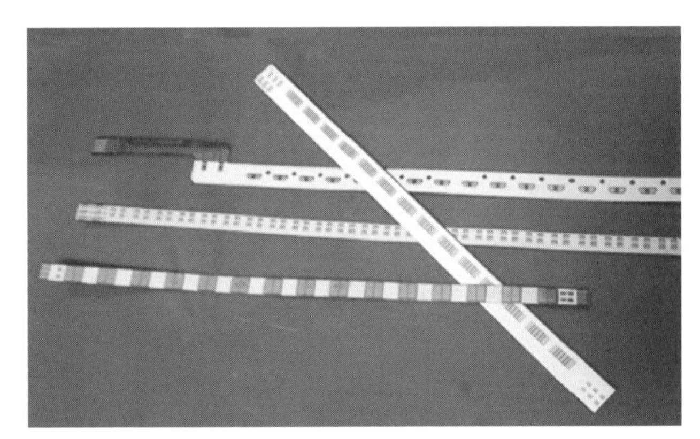

図6-17 トムソン型で外形加工されたFPC基板

ピナクルダイよりもさらに微細で精密なNC彫刻型も多く用いられています。型の小ささがわかるように、よく使う事務用のクリップを置いてみました。ちなみに、このクリップの線径はϕ 0.8です（**図6-18**）。

図6-18 超微細FPC基板加工用NC彫刻型

第6章	3	設計目線で見る曲げ加工

曲げ(ベンディング)加工とは

曲げ加工とは、プレスブレーキまたはベンダーと呼ばれる工作機械を使い、パンチとダイでブランクを挟んで折り曲げることを主とした加工を指す。

90°曲げ加工が最も多く、曲げ回数が多いものは手順を決めて加工をする。

パンチ・プレス加工の次が、曲げ加工です。この加工をベンディング加工とも言います。

原理は、紙に力を加えて折り曲げる折り紙と同じく、金属材料に外力を与えて塑性変形させ、要求する形状に折り曲げることです。

それでは、曲げ加工の基礎知識を確認していきましょう。

1. 曲げの原理
2. 板金加工とプレス加工の違い

1. 曲げの原理

軟鋼における応力とひずみの関係図を示します(**図6-19**)。

応力ゼロ、ひずみゼロの状態から「C」の降伏点までの領域を「弾性領域」と言い、これは軟鋼に力をかけてひずみが生じても、力を除くと元の状態に戻れる範囲です。力をかけ続けて降伏点を超過した軟鋼は、ひずみが戻らなくなり、力を除いても変形したままになります。この範囲を「塑性領域」と言い、曲げ加工はこの領域で成立することになります。

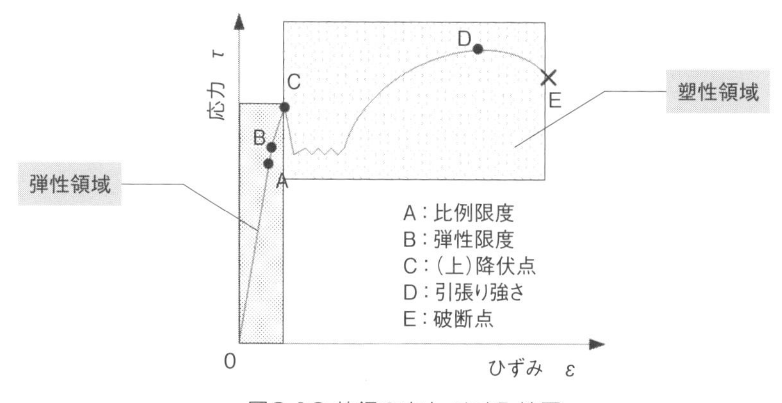

図6-19 軟鋼の応力-ひずみ線図

曲げ加工を行うプレスブレーキは、下部のダイと上部のパンチの間にブランクを挟み、パンチをダイに向けて押し込んで加工する工作機械です。一定角度で直線的に曲げるには、V溝のダイを取り付けます（**図6-20**）。

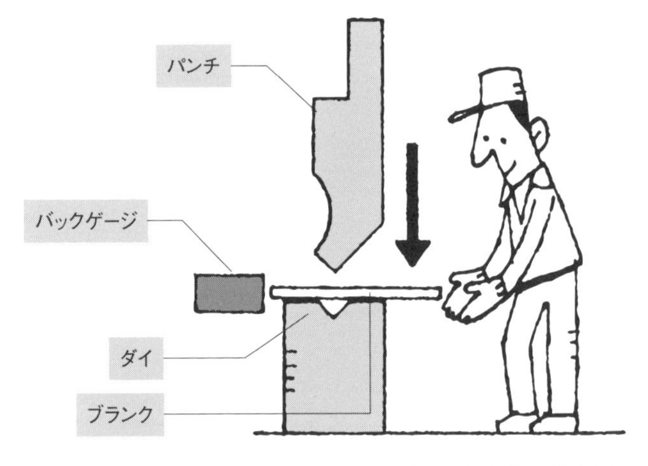

図6-20 プレスブレーキ作業の模式図

曲げに必要なのは「材料を突き当てるバックゲージの位置」と「上から材料を押してくる深さ」の2軸分の数値で、これを元にバックゲージとパンチの移動を制御するプログラムを作り、曲げる順番を決めて加工します（**図6-21**）。

図6-21 NCプレスブレーキによる曲げ作業

設計目線で見る「厚くなるほど亀裂が走る…アルミの曲げ設計のコツが知りたい件」

アルミニウムの曲げ加工は、鉄鋼やステンレスと比較すると加圧に対する粘りが少ないので、亀裂が生じやすいデメリットがあります。A1100PやA5052Pは比較的割れにくい傾向ですが、全般的に、板厚が厚くなるほど曲げの外側に亀裂が生じやすくなります。そのため、板厚2.0を超えるアルミニウムの曲げ加工では、曲げRを大きめにとるようにします。

ただし、曲げRを大きく取ることで、組立の際に他の部品が干渉することもありますから注意が必要です。

設計目線で見る「板金加工でコストを抑えて絞り加工をしたい件」

板金加工で試作する場合、多くは汎用金型で作業を完結できるので、基本的に金型を作る必要がありません。しかし、部品形状に絞り加工を伴う場合では、専用金型が必要となります。絞り加工とは、板に力を加えて凹ませ、器（うつわ）状にすることで、板金加工における絞り加工には、深絞り、張出しなど数種類があり、これらの形状が複数組み合わさることもあります。この場合の専用金型は「本金型」と呼ばれ、費用も数十万と高額ながら、その製作には数週間から数ヶ月を要することもあります。

通常、絞り加工では本金型が必要になります。とは言え、絞り加工を板金で行うときは、そう大量に作ることはありませんから、数個の試作部品に本金型のコストがそっくり乗ってしまうことになります。こういう場合は、金型費用をとことん下げるために、絞り形状に合わせて金属を切削したり、板を何枚も積層して溶接して模った「簡易金型」を使って加工することがほとんどです（**図6-22**）。簡易金型は早く安く調達できるので、コストを抑えながら試作を行える簡易金型のメリットを知っておきましょう。

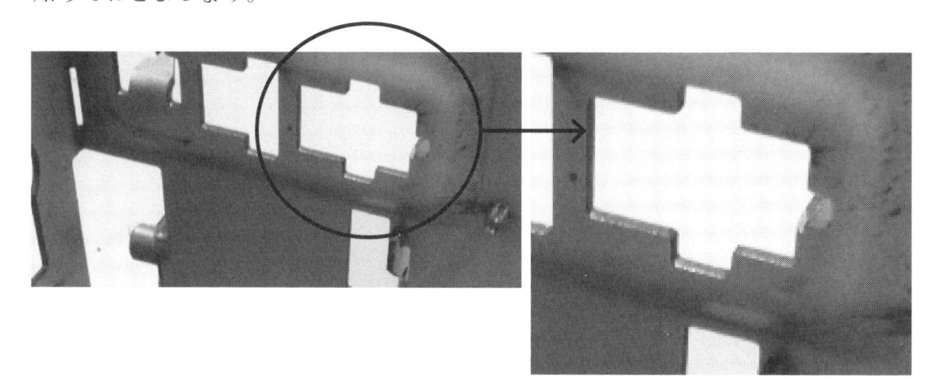

図6-22 板金加工における簡易金型による絞り加工

設計目線で見る「ん？これ展開できる？3次元CADによるやっちまった問題」

板金部品に限ったことではありませんが、3次元CADによる形状設計が一般化している今、設計者と現場の間にさまざまな弊害が発生していることを述べておきます。

図6-23に示すような部品形状は、3次元CADで自由に作ることができます。しかし、展開長さが異なる曲げが混在しているため、展開図の作成ができません。こうなると現場は、「加工不可」という判断を下すしかなくなります。

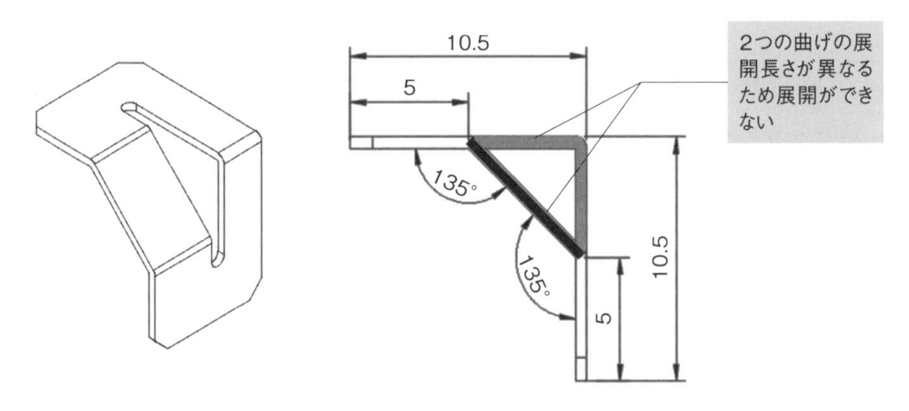

図6-23 展開不可能で板金加工できない形状

改善策として、スリットを入れて2つの曲げを独立させました（**図6-24**）。

さらに、穴を設けて当て板をビスで固定することで、当初の仕様に近づけるように工夫しました。この形状ならば展開できるので、加工は可能です。

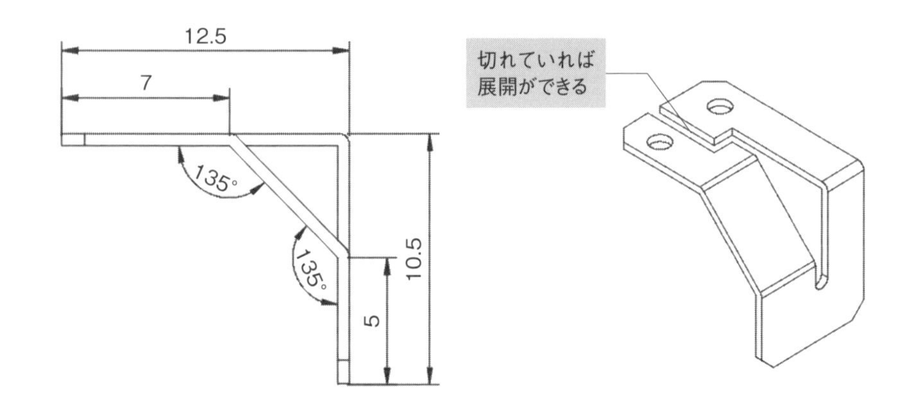

図6-24 展開可能な形状に改良

板金部品は平板から立体形状を作るのですから、設計者は、平板からどのようなプロセスを経てこの形状になるのかを考えながらモデリングすることを心がけましょう。そして最後に、描いた3Dモデルがきちんと展開できるかの確認も必要です。

3次元CADには、展開図を作成できる機能を持つものもありますので、そうした機能をうまく使って、現場からダメ出しされない部品形状を設計しましょう。

2. 板金加工とプレス加工の違い

電子機器のシャーシ試作品の一部を示します（図6-25）。これは、作業者が1点ずつ折り曲げて製作した板金部品を組み立てて作られています。

図6-25 板金加工によるシャーシ試作品

そもそも試作とは、設計したものが想定どおりに動くか、強度は問題ないかなどを確認しながら、「試しに作ってみること」です。試作の評価で問題点が見つかれば、設計を修正して再度試作を行います。最適解を得られるまでこれを繰り返すわけですから、それにかける時間とコストは極力小さく収めなくてはいけません。

試作とは別に、1点物の装置部品で「このブラケットが1つだけ必要」という時に、わざわざ専用の金型を作ってプレス加工で対応していたら、時間と費用ばかりかかってしまいます。このように、「あとから設計変更が想定されるような試作品や、少量多品目の部品製作」では板金加工の出番となります。

では、試作品が評価されて量産化する際に、板金加工で対応するのはどうでしょう。いくらプレスブレーキの制御がNC化されていても、板金加工の曲げ作業は自動ではなく、ひと曲げずつ作業者が行いますから、月産数千個〜数万個などという数量を板金加工でこなすのは現実的ではありませんよね。だから量産時には正規に本金型を製作して、量産プレス加工へ移行するのです。それによって、金型費用を加味しても安く早く作れるようになります。

このように、板金加工とプレス加工は、どちらも金属板を必要な形状に切り抜いた後に折り曲げや絞りの力を加えた塑性加工品ですが、使用する設備が異なるため、似ているようで異なる加工方法になります。そこで、プレス加工の概要にも触れておきましょう。
1) プレスマシン
2) プレス金型と生産方式の種類

1）プレスマシン

プレス加工に使う設備は、プレスマシンです（**図6-26**）。

図6-26 クランクプレス （出典：株式会社アマダ TP-80FX）

プレスマシンには、エアープレス、油圧プレス、クランクプレス等の種類がありますが、いずれも各工程の専用金型あるいは、全工程をひとまとめにした金型をプレスマシンに設置して、材料を手動あるいは自動で金型内に挿入して加工するものです。ターレットパンチプレスやレーザでブランクを作って、その後プレスブレーキで曲げを行って部品を作る板金加工とは、加工の流れが全く異なることを知っておきましょう。

2）プレス金型と生産方式の種類

プレス加工は、材料を金型で打ち抜くだけといった単純なものから、複数の工程を経て1つの部品ができあがる、電子部品のリードフレームのような複雑なものなど様々です。そこで、基本の2種類の金型を知っておきましょう。

① 単型（たんがた）

抜き、曲げなどの工程のうち、穴あけだけ、外形抜き落としだけ、絞りだけなどの単一の工程用の金型のことで「単発型（たんぱつがた）」とも呼ばれます。1回のプレス作業で加工が終わるので、金型費用は安く済みます。単型1つだけで完結する加工方式を「単発プレス」と呼びます。

② 順送型（じゅんそうがた）

抜き、曲げなど、形状製作に必要な工程を、1つの型内に等ピッチで順番に配置した金型です。作る部品形状によって金型に入る工程の種類が変わるので、一概に「単型の○倍の費用」とは言えませんが、金型費用は高くなります。

材料は長いコイル材を使用し、レベラーを通して巻癖や歪みを除去してから、送り装置によって「プレス1回転毎に1ピッチ」を送り、次の工程へ順送りします。つまり、材料を順送りする金型だから順送型なのです。順送型による加工方式を「順送プレス」と呼びます。

3）その他のプレス量産方式

量産プレスへ移行する際には、部品形状、ロット数、生産継続期間、コスト等においてバランスが取れた生産方式を選定できるとよいでしょう。

単発プレスと順送プレスを組み合わせた他の量産方式には、次の2つがあります。

① トランスファープレス

複数の工程を1つの金型にまとめた順送プレスと、1金型1工程の単発プレスとでは生産能力が違います。そこで、工程の異なる単型を順番に並べておき、ひとつの工程が終わったタイミングで次の工程の金型に搬送する方式を用いれば、生産性は上がると考えられてできた方式が「トランスファープレス」です。

トランスファープレスは、プレス本体と同期した搬送機構を持ったプレス機械で、金型は工程別に用意した単型の集合です。この方式は、順送プレスと比べて塑性変形量が大きい絞りなどの成形に強く、歩留まりも良いとされます。

② タンデムプレス

タンデムプレスとは、ロボットや専用の搬送装置を備えておいて、工程別に用意されたプレス機の間で、ワークを搬送しながら流れ作業的にプレス加工を行うものです。この方式では、単型と順送型が混在することもあります。

第7章

困ったときの命綱！「接合加工」

接合加工とは、素材と素材あるいは、部品と部品をつなぎ合わせる加工を言う。接合加工は、ボルトやリベット等を用いて接合する「機械的接合」、接着剤等を用いて接合する「化学的接合」、熱を利用して接合する「冶金（やきん）的接合」に大別され、本章では冶金的接合を取り上げて解説する。

第7章 | 1

設計目線で見る溶融接合

溶融接合とは

溶融接合（融接）とは、母材と電極の間に電圧をかけて、そこに発生するアークを熱源とした高熱によって、母材と溶加材、あるいは溶接棒を溶融させて接合させる方法である。
ボルト類での接合が困難な組み立てや、欠損した金属部品の補修にも用いられる。

冶金（やきん）という単語を辞書でひくと、「鉱石から金属を取り出し、精製・加工などをする技術のこと」とあり、類義語として「精錬・鍛冶・鍛錬・製錬」などがあると記されています。接合加工での冶金的接合とは、熱源を用いて金属を溶かして、金属と金属を一体化させることを指し、その方法には「溶融接合（融接）」、「液相接合（ろう接）」、「圧接接合（圧接）」があります。これらの接合方法は、さらに溶接のしかたによって区別されるので、「溶融接合」とひとくくりに言っても、「その中のどの方式を使用するのか」までを考える必要があります。

それでは、溶融接合の基礎知識を確認していきましょう。

1. 冶金的接合の種類
2. アーク溶接の原理
3. 被覆アーク（手棒）溶接（SMAW）
4. 半自動アーク溶接（MAG・MIG）
5. TIG（ティグ）溶接

1. 冶金的接合の種類

冶金的接合は、ボルトやリベット等による機械的接合と比べて、接続部分に隙間がありません。そのため、気密性や水密性が確保できるメリットがあります。また、接合できる形状の自由度が高い上に、余計な金属部品を増やすことなく組み立てができるので、製品の軽量化とコストダウンにもつながる接合方法です。では、熱伝導率や融点が異なる金属同士を熱で溶かして溶融接合しようとしたらどうなるか考えてみましょう。一方の金属はどんどん溶解していくのに、もう一方の金属はちっとも溶けてくれないとなれば、適切な接合が成り立たなくなりますよね。つまり、溶融接合では同じ種類の金属同士を接合することが基本ということです。

異なる金属同士を接合する場合は、母材よりも融点の低い、銀や真鍮などを溶かして接着剤の役割をさせて接合させる「ろう接」や、母材を摩擦熱で軟化させながら圧力を掛けて接合する「摩擦圧接」、母材接合面の間で原子を拡散させて接合させる「拡散接合」など、さまざまなやり方があります（**表7-1**）。

表7-1 冶金的接合の種類

<table>
<tr><td rowspan="12">融接</td><td rowspan="8">アーク溶接</td><td rowspan="2">手アーク溶接</td><td colspan="2">被覆アーク溶接</td></tr>
<tr><td colspan="2">ティグ(TIG)溶接</td></tr>
<tr><td rowspan="5">半自動アーク溶接</td><td rowspan="3">ソリッドワイヤー</td><td>炭酸ガスアーク溶接</td></tr>
<tr><td>ミグ(MIG)溶接</td></tr>
<tr><td>マグ(MAG)溶接</td></tr>
<tr><td rowspan="2">フラックス入りワイヤー</td><td>炭酸ガス(CO_2)溶接</td></tr>
<tr><td>セルフシールドアーク溶接</td></tr>
<tr><td>自動溶接</td><td colspan="2">サブマージアーク溶接</td></tr>
<tr><td colspan="4">ガス溶接</td></tr>
<tr><td colspan="4">テルミット溶接</td></tr>
<tr><td colspan="4">電子ビーム溶接</td></tr>
<tr><td colspan="4">レーザ溶接</td></tr>
<tr><td>圧接</td><td colspan="2">抵抗溶接</td><td colspan="2">スポット溶接</td></tr>
<tr><td rowspan="2">ろう接</td><td colspan="4">ろう付け</td></tr>
<tr><td colspan="4">はんだ付け</td></tr>
<tr><td rowspan="2">その他</td><td colspan="4">摩擦圧接</td></tr>
<tr><td colspan="4">拡散接合</td></tr>
</table>

常識的に考えて、聞き慣れない方法は得てしてコストが高いものです。

機械部品の冶金的接合に用いられる方法は、もっぱら溶融接合（融接）です。これは、アーク溶接とガス溶接とに分けられ、一般的な機械製造ではアーク溶接が用いられます。一般的によく用いられる方法ということは、最もコストがこなれている方法だと考えてよいでしょう。

設計者が溶接の現実をほとんど知らないまま、感覚的に溶接記号を図面に記入している例は珍しくありません。そのため、作業困難な形状で現場を悩ませたり、不要な箇所への溶接といったムダを作っているかもしれません。可能であれば、設計者は一度溶接の現場を見て、作業の限界を知っておくとよいでしょう。

2. アーク溶接の原理

アーク溶接は、溶接棒（+）と母材（−）の間に電圧をかけて放電現象を起こし、それによって発生するアーク（弧状の光）の高熱を使って、母材と溶接棒を溶かして接合するものです。こうしてできた溶接部を、「ビード」と呼びます（**図7-1**）。溶解した金属が冷えて固まってできたビードの表面は、さざ波のようになります。

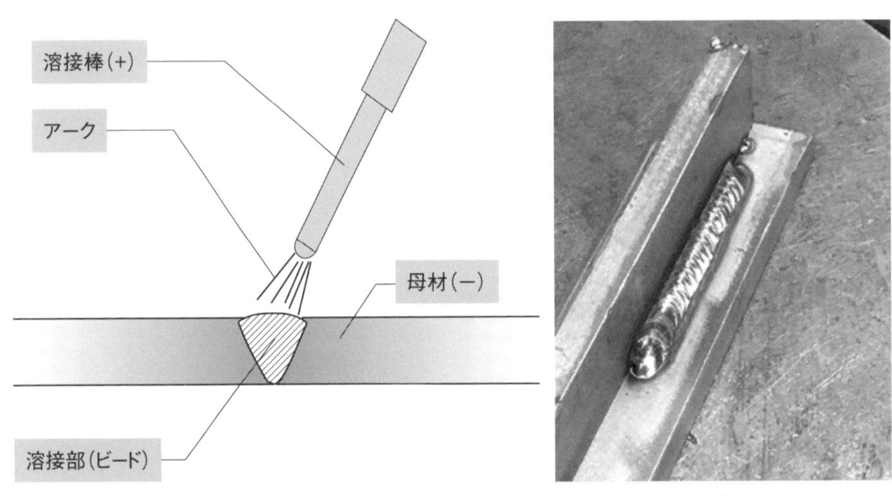

図7-1 アーク溶接の概要図

図7-2 隅肉溶接のビード

アーク溶接の1つに、隅肉（すみにく）溶接があります。これは、母材を重ねて繋いだり、T型に直交する2つの接合面（隅）に、ビード＝溶融金属（肉）を盛って接合することです（**図7-2**）。

設計目線で見る「溶接すれば強くなるわけじゃない…！アーク溶接の強度の目安」

一般的な安全設計の考え方には、「溶接後は強度が落ちる」という基本があります。溶接は、ボルトで接合するよりも頑丈で強度の高い方法と思いがちですが、溶接部は、もともと別々だった母材を溶融させて接合した部分なので、本来の母材と比べて強度が低くなっているからです。

溶接部の強度設計をするときは、許容応力（荷重が加えられても、破壊せず安全に使用できる範囲）を、母材の70〜85%と低めに見積もるのが一般的です。特に隅肉溶接の場合はどうしても母材同士間には隙間ができてしまうため、溶接強度は低めに考えておきましょう。

2）被覆アーク（手棒）溶接（SMAW）

金属の棒に、フラックスや保護材などの被覆材を巻いた溶接棒を電極として、アーク熱で溶接棒と母材を溶融させる方法です（図7-3）。

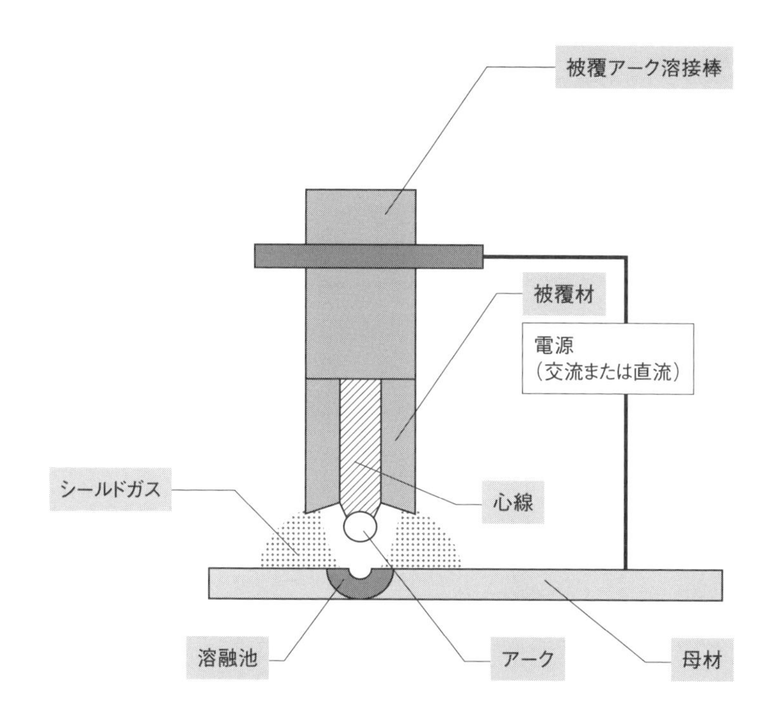

図7-3 被覆アーク溶接の原理

被覆材は、アークによって分解してガスを発生させます。このガスには、溶接部分を大気から遮断して、酸化や窒化を防いでアークを安定させる作用があります。

その一方で、溶接作業中には火花が発生し、火花に混じって金属粒「スパッタ」が飛散して加工物に付着するので、溶接後にはスパッタ除去が必要です。スパッタ除去については、このあとの項目の中で説明します。

3）半自動アーク溶接（MAG・MIG）

手に持ったガンから、電極である溶接ワイヤーが自動で繰り出され、アーク熱によってワイヤーと母材を溶融させる方法です。作業そのものは人間が行いますが、電極ワイヤーは自動供給なので、半分だけ自動という意味で「半自動アーク溶接」と呼びます。この方法は、長いワイヤーを使用するため連続溶接に向いています（**図7-4**）。

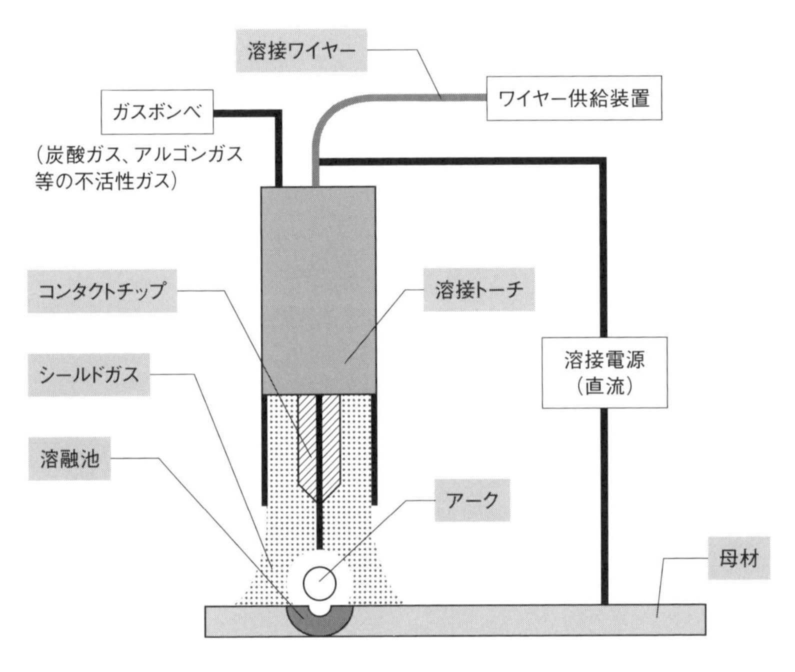

図7-4 半自動アーク溶接の原理

被覆アーク溶接と半自動アーク溶接の電極は、電極そのものが溶けて溶接棒として働くので、「消耗電極」となります。消耗電極は電流密度が大きく取れるので、大型装置のフレームに代表される厚物の自動溶接に向いています。

① 半自動アーク溶接の種類

半自動アーク溶接は、溶接する母材の種類によって溶接種類や溶接ワイヤーを変える必要があります（**表7-2**）。

表7-2 半自動アーク溶接の種類と特徴

溶接の種類	MIG（ミグ）溶接	MAG（マグ）溶接
溶接に適した材料	低炭素鋼、ステンレス、非鉄金属	低炭素鋼、ステンレス
シールドガスの種類	不活性ガスのみ (主にアルゴンまたはヘリウム)	不活性ガスとCO_2ガスの混合ガス
メリット	不活性ガスは、母材と化学反応を起こさないため、非鉄金属の溶接にも用いられます。 比較的仕上がりが美しいという点もメリットです。	不活性ガスにCO_2ガスを混ぜることで、アークに対するエネルギーを集中させることができ、MIG溶接の弱点である、溶け込みの浅さを改善できます。
デメリット	アークが広がるため溶け込みが浅くなり、強度が得られないこと。 シールドガスが高価。	CO_2ガスが化学反応を起こすので、非鉄金属の溶接には用いることはできません。

② スパッタ除去について

半自動アーク溶接も被覆アーク溶接と同じく、作業中にはスパッタが飛散するので、最後にスパッタの除去作業が必要になります。

スパッタの除去は、グラインダーで削るかタガネで剥がす方法が一般的ですから、痕が残ります。そのため、アーク溶接は外観を重視しない鉄系材料（特に黒皮が残っているもの）や、スパッタを除去した後の痕を気にしないものに向いています（**図7-5**）。

図7-5 外観を重視しないアーク溶接事例

4）TIG（ティグ）溶接

TIG溶接は、電極は消耗せずに、別の溶加材をアーク中に溶融して母材を溶接する原理で、非消耗のタングステン電極を用いて、溶接トーチと溶加材とをそれぞれ手で持って行うスタイルです（**図7-6**）。

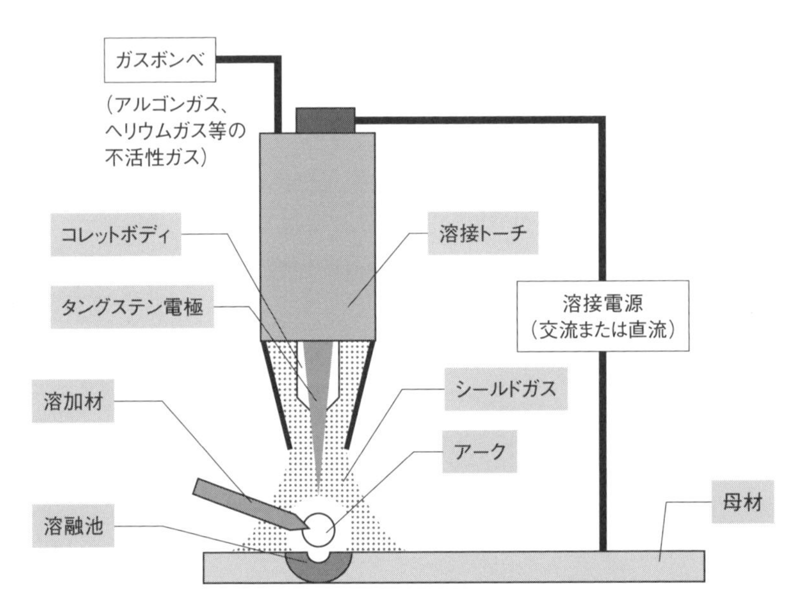

図7-6 TIG溶接の原理

図7-7 SUS304 t0.3のTIG溶接

この方式は、半自動アーク溶接のMIGやMAGと比べて熱の集中度が良く、ビードが美しい高品質な溶接部が得られる特徴があります。そのため、薄板の溶接には最適で、ステンレス、アルミ、チタンの溶接に多用されています（**図7-7**）。

TIG溶接は火花が発生しないのでスパッタが飛ばないこともメリットに挙げられます。

デメリットとしては、溶接速度が遅く、被覆アーク溶接の5～10倍の時間がかかる点です。

設計目線で見る「どう指示すればいい？隅肉溶接を指示したい件」

JIS Z3021には多くの溶接記号がありますが、このうち、機械製作によく使われる種類を取り上げて、溶接記号の指示例を見ていきます。

隅肉溶接の基本記号は、説明線（矢と水平線の組合せ）の上下にある三角形のことで、配置には次のような決まりごとがあります（**表7-3**）。

1）基本記号が説明線の下側に配置されている場合、矢が指した側を溶接する。
2）基本記号が説明線の上側に配置されている場合、矢が指した裏側を溶接する。
3）基本記号が説明線の上下両側に配置されている場合、矢が指した両側を溶接する。

表7-3 隅肉溶接記号と溶接位置

溶接指示	実際の溶接状態
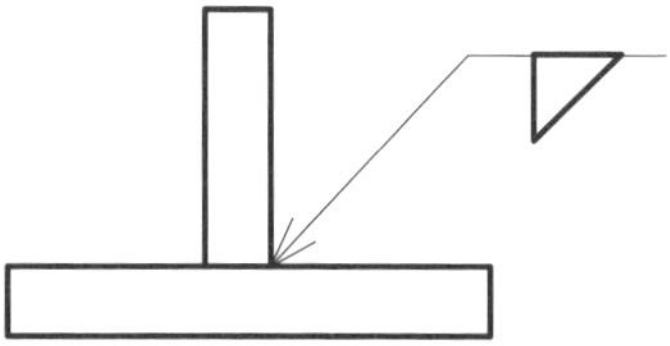	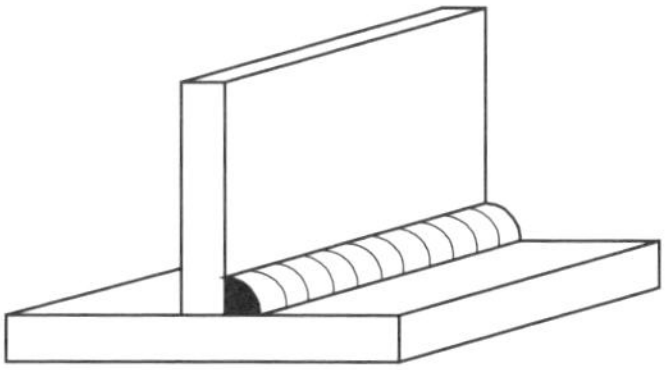
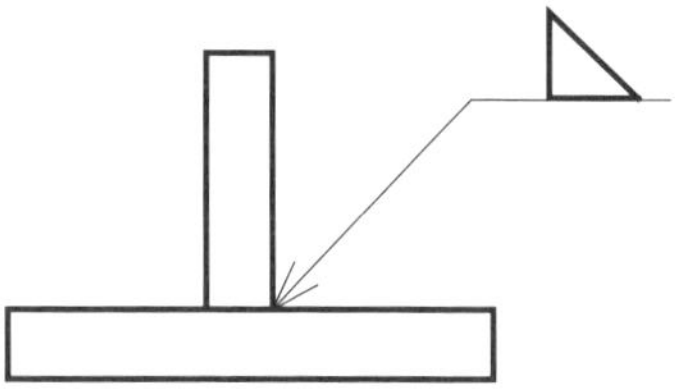	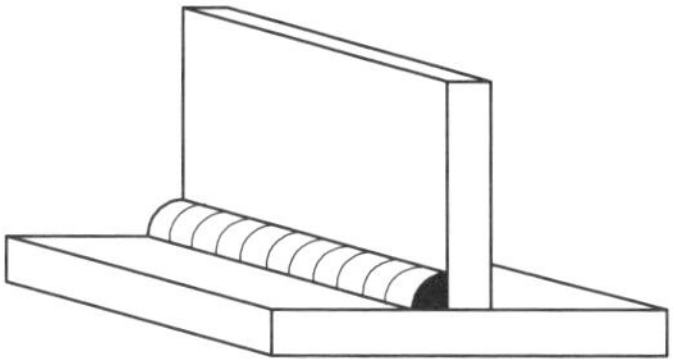
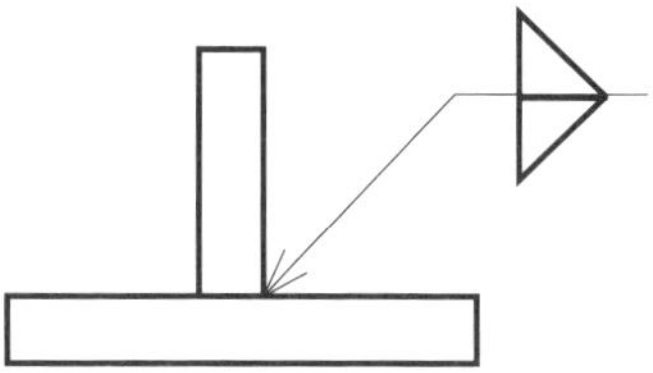	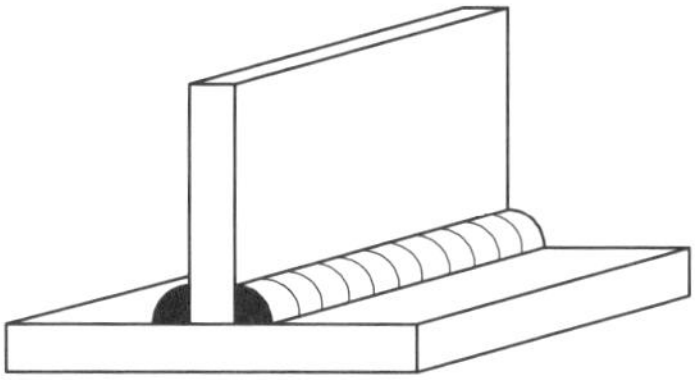

設計目線で見る「どう指示すればいい？開先溶接を指示したい件」

開先溶接とは、あらかじめ母材の接合面に「開先」と呼ばれる溝を加工しておいて、開先の中にビードを盛ることで十分な溶け込みを得る溶接です。溶加材の接触面積が広くなる分、隅肉溶接に比べてより強固な溶接ができるので、厚手の材料では、溶接強度を上げるために開先溶接がよく用いられます。

開先溶接の溶接記号は、いずれも溶接前の形状を表しています（**表7-4**）。このうちよく使われるものが、次の3つです。

1）I形開先
2）V形開先
3）レ形開先

3つの開先のどれを用いるかの目安として、コストと強度に注目して比較しました（**表7-5**）。

表7-4 開先溶接の記号と溶接形状

溶接部の名称	溶接記号	溶接前の形状	溶接後の形状
I形開先		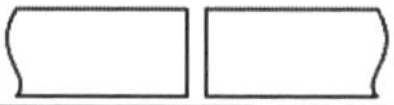	
V形開先	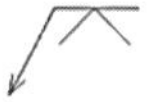		
レ形開先			
V形フレア			
レ形フレア		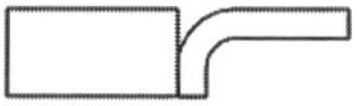	
U形開先	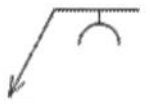	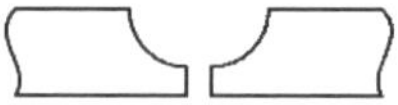	
J形開先		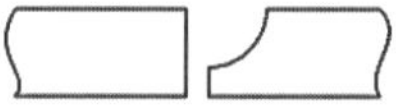	

表7-5 開先別の比較

	コスト	強度
I形開先	◎	△
V形開先	△	◎
レ形開先	○	○

設計目線で見る「やっちまった！溶接指示でよくやる失敗問題」

隅肉溶接の記号は三角形の垂直線が左に来るように配置するのが正しいので、ミラーコピーする際に記号が反転しないように注意しましょう（**図7-8**）。

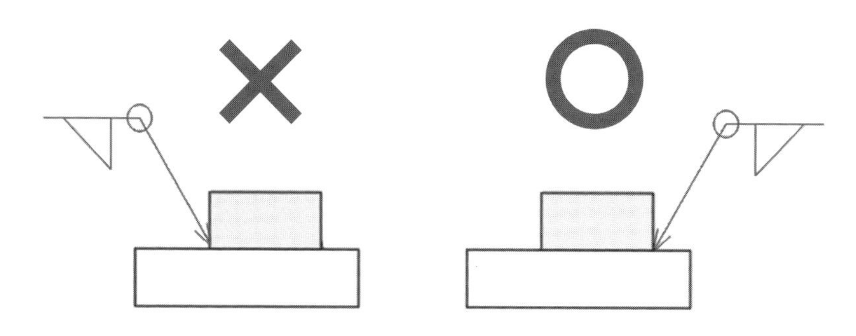

図7-8 よくやる溶接記号の記入ミス例

φ(@°▽°@) メモメモ

アーク溶接する鉄鋼部品の設計では低炭素鋼を選びましょう

一般的には、「鉄ならなんでも溶接できる」と思われがちですが、鉄鋼にも種類があり、溶接に不向きな鉄鋼があります。これは「炭素鋼」に分類されるもののうち、0.3%以上の炭素を含む「中・高炭素鋼」が該当します。

中・高炭素鋼は、焼入れ焼戻しによって性質を変えられるものですが、これらの鉄鋼にとっては溶接という行為が焼入れに等しいものであり、アークの熱が当たった箇所は硬化し、最悪では割れを起こしてしまいます。

設計中の材質検討では、部品に要求する強度をよく検討し、SS（一般構造用鋼）や、SM（溶接構造用）などの低炭素鋼で適応できれば、それが好ましいです。どうしても中・高炭素鋼を用いる場合は、溶接以外の接合方法を検討し、それに合った形状設計をしましょう。

設計目線で見る「作業者思いの設計がしたい…！溶接トーチが届かない問題」

設計者として最低限知っておくべきなのは、溶接トーチのサイズと作業中のトーチの取り回しです。狭い部分や奥まった部分には溶接トーチが届きにくく、届かせるために作業者は無理な姿勢を取らなければなりませんし、ワーク間の間隔が狭いとトーチが奥まで入らないため、溶接の難易度が上がってしまいます（**図7-9**）。

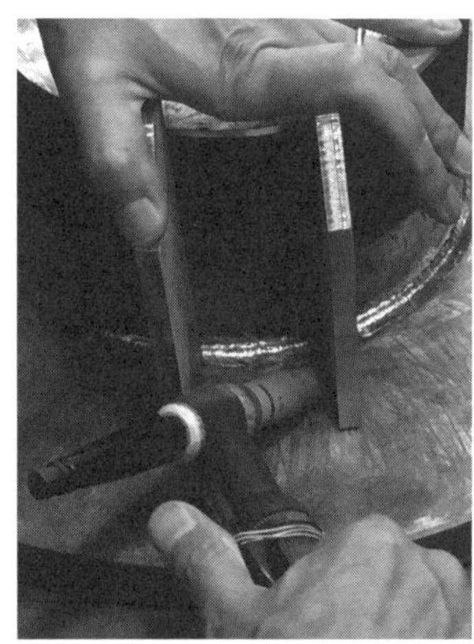

図7-9 トーチが奥まで届きにくいため溶接困難な例

設計目線で見る「作業者思いの設計がしたい…！狭すぎるにも限度がある問題」

図面に溶接記号があっても、そこにトーチが入らなければ溶接のしようがありません。

例えば、内径φ3のパイプの内側に溶接記号を入れられても、こんなに細い穴に入る溶接トーチは存在しませんから、他の接合方法を検討するか、部品形状そのものを見直すことになります（**図7-10**）。

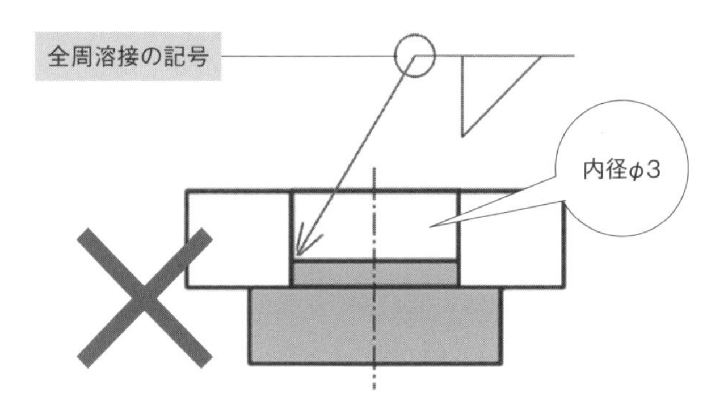

図7-10 溶接トーチが入らず溶接不可な例

設計目線で見る「作業者思いの設計がしたい…！肉厚差があると困る件」

肉厚20mmの円筒の上に肉厚1mmの円筒を乗せてアーク溶接で接合する例を見てみましょう（**図7-11**）。

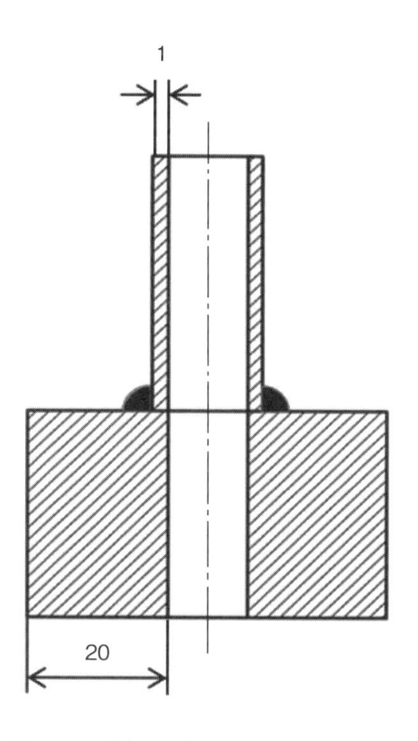

図7-11 溶接困難な板厚違いの溶接例

この場合、熱が伝わりやすい薄肉のワークが先に溶けてしまい、溶接は失敗する可能性が大きいです。なんとか形だけは溶接できたとしても、経験の浅い作業者では、表から見えない部分で溶接不良を起こしているかもしれません。こういった難易度の高い溶接は、経験豊富な特定の作業者に依存した作業になりますから、納期とコストの面で余裕を持たせる配慮が必要です。

第7章 2

設計目線で見る液相接合（ろう接）

液相接合とは

液相接合とは、母材とは異なる金属（ろう材、はんだ）をバーナーの熱で溶融して、接着剤のような役割をさせることで母材を溶かさず接合する方法である。この特徴から、異なる金属同士や金属と非金属の接合も可能である。

液相接合の「ろう接」は、母材を溶かさない接合方法です。接合する母材の隙間に溶かした、低融点金属「ろう」を流し込むため、その浸透によって複雑な形状を持つ金属同士はもちろん、異なる材質の金属でも接合可能であることが大きな利点です。

旋盤加工に用いる「ろう付けバイト」は、高炭素鋼のS45Cでできたシャンクと超硬合金でできたチップをろう接した工具です（図7-12）。

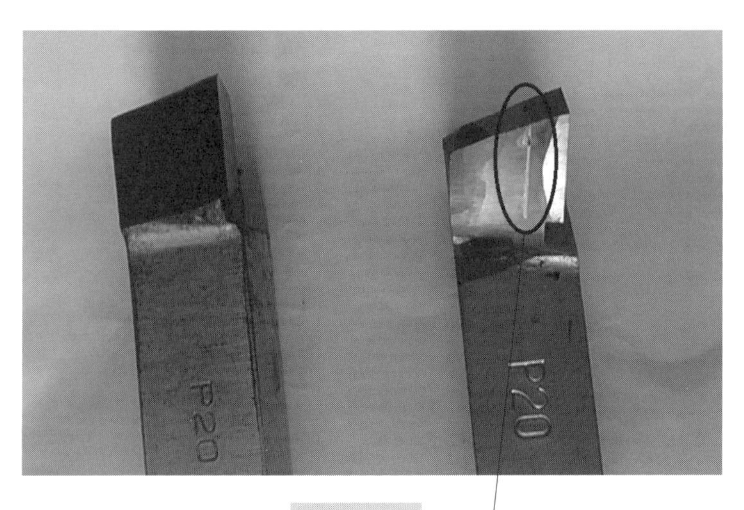

図7-12 旋盤加工用ろう付けバイト

それでは、液相接合の基礎知識を確認していきましょう。

1. ろう接の仕組み
2. ろう接の種類

1. ろう接の仕組み

用意した母材1、母材2の溶融温度よりも溶融温度が低いろう材を配置して、バーナーで加熱します。熱で溶けたろうは、毛細管現象によって2つの母材間の隙間全体に拡散して固まり、2つの母材同士を接合します（図7-13）。

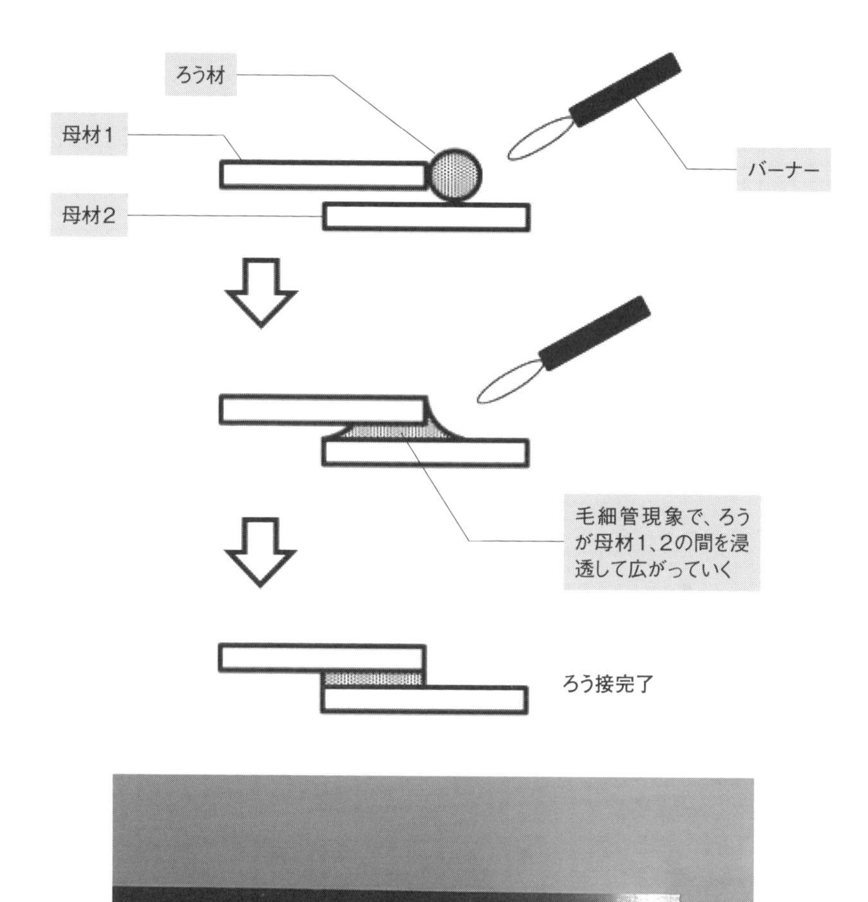

図7-13 ろう接の仕組み

2. ろう接の種類

ろう材は接合する金属の間に流し込む「金属」のことなので、例えば「銀ろう」と言ったら、銀合金を用いたろう接であることを意味しています。

ろう材には一定の耐熱性は求められますが、どちらかと言えばどれだけ低融点かが重要で、さらに「ろうの流れ」、「ぬれ性」といった点も重視されます。とりわけ銀ろうは、数あるろう材の中でも、アルミニウムやマグネシウム以外のほとんどの金属に使用可能で、ぬれ性がよく強度にも優れた、汎用性が高いろう材として知られています（表7-6）。

表7-6 ろう接の種類と適応する材料

ろう接の種類	適応する材料
銀ろう	アルミ、マグネシウム以外の材料全般
銅・真鍮ろう	銅、真鍮、鉄
りん銅ろう	鋼管専用
アルミろう	アルミ専用

銀ろうは、ろう材と専用のフラックスを併用します。フラックスとは、金属の表面にある酸化膜を除去して接合しやすくするためのもので、あらかじめ接合する金属母材の表面に塗っておいて、ろう付けの前に加熱することで効果を発揮します。これは、プリント基板に部品をはんだ付けする際に、ぬれ性を良くするために使うフラックスと同じですね。

設計目線で見る「融接ではなく、ろう接を用いるメリットが知りたい件」

以下に、ろう接を用いるメリットを挙げておきます。ろう接は溶融接合のデメリットをカバーする接合方法としては最適と言えます。

1. 金属同士の接合だけでなく、金属と非金属の接合ができる。
2. 母材を溶かさないので、ほとんど歪みなく接合できる。
3. 薄いものと厚いもの、断面の大きさが異なる母材同士でも接合できる。
4. 溶接トーチが入らないような、細かい箇所でも接合できる。

そう言えばジュエリー用語にも
「ろう付け」があるけれど、同じことなのね。
意外と身近な接合方法だったんだなー

第7章 | 3

設計目線で見る圧接接合（抵抗溶接）

圧接接合とは

圧接接合の「圧接」とは「加圧溶接」の略で、母材の接合部を電極で挟み、機械的圧力を加えて大電流を流し、接触抵抗に生じる「ジュール熱」によって母材を局部的に溶かして接合する方法である。この仕組みから、「抵抗溶接」とも言う。

抵抗溶接は、母材を溶かして接合する「融接」とは異なり、母材に適度な圧力をかけて接合するので「圧接」に分類されます。抵抗溶接は、強度が高くて信頼性が高い溶接方法で、自動車のボディは抵抗溶接で組み上げられています。

それでは、抵抗溶接の基礎知識を確認していきましょう。

1. 抵抗溶接の原理
2. 抵抗溶接の種類
3. 抵抗溶接を検討する際の材質選定

1. 抵抗溶接の原理

2枚の板金部品を重ね合わせて、溶接する箇所を電極で挟んで適当な圧力を加えて電流を流し、溶接部位の接触抵抗に発生するジュール熱でお互いを溶かして接合します（**図7-14**）。

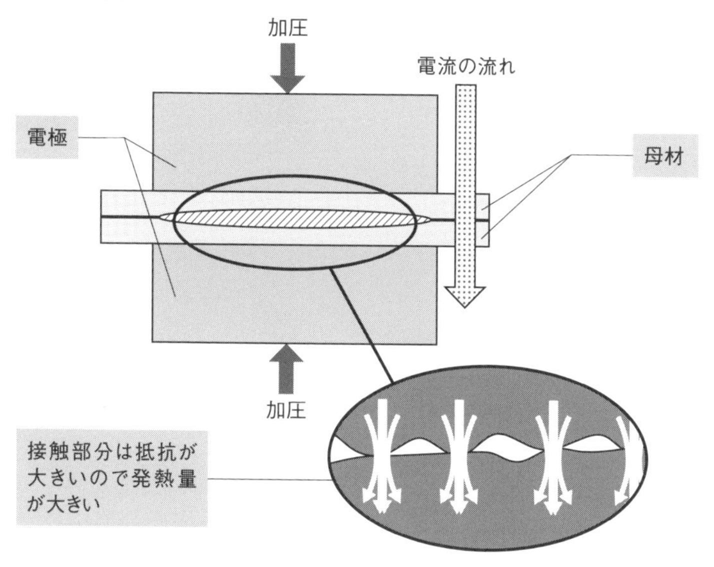

図7-14 接合部のモデル図

2. 抵抗溶接の種類

抵抗溶接は総称で、機械製造業では主に次の三つの方法が用いられ、用途や目的によって使い分けられます（**表7-7**）。

1）スポット溶接
2）プロジェクション溶接
3）スタッド溶接

表7-7 抵抗溶接の種類と方法

種類	接合方法	概要図
スポット溶接	圧着金属に通電時の抵抗熱で接合する。	通電 加圧
プロジェクション溶接	母材に形成した突起部を接触させて通電し、比較的小さい部分で溶融接合する。	加圧 通電 突起部 加圧 溶接部
スタッド溶接	スタッドを母材に接触させて通電し、スタッドを引き上げてアークを発生させ接合する。	スタッド

■D(￣ー￣*)コーヒーブレイク

とても身近な「ジュール熱」

導体に電気抵抗があると、そこへ電気を流したときに熱が発生します。この熱がジュール熱です。ジュール熱の発生は、流れた電気エネルギーが熱エネルギーに変わったということになります。熱風を出すドライヤーや、トースターや電気ケトルといった、熱を必要とする調理家電は、どれもジュール熱の仕組みを利用した製品です。

1）スポット溶接

スポット溶接は最も有名な抵抗溶接の方法で、加工物を点で溶接するため「スポット」という呼び名が付けられています。

溶接したい金属を「チップ」と呼ばれる電極で挟み込んで加圧し、電極間に電流を流した時に発熱するジュール熱によって母材を溶融します。電流を流し終えると自然と冷却されて再凝固するため、2つの金属を接合することができます。接合後には打痕が残り、これをナゲットと呼びます（**図7-15**）。

図7-15 スポット溶接品

設計目線で見る「楽に溶接できそうだけど、どんなデメリットがあるのか知りたい件」

スポット溶接は、安全性も高く初心者でも簡単に溶接できます。さらに発熱時間も短く、母材が熱によって歪む可能性も低いため、品質を安定させられるメリットがあります。そのため、常に生産性の向上に努める大量生産の現場に向いている溶接方法とも言えるでしょう。

デメリットとしては、電流が通らなければ溶接できないため、電気が流れない母材や抵抗が不十分な金属、厚手の母材では用いることができないなどが挙げられます（**表7-8**）。

表7-8 スポット溶接のメリットとデメリット

メリット	デメリット
溶接速度が速く量産向き	大きな衝撃が加わる場所での製品使用は不向き
熟練の技術が不要	厚い金属の溶接はできない
溶接材料が不要	溶接する金属に応じて電極を変える必要がある

2) プロジェクション溶接

溶接材料の界面部に突起形状（プロジェクション）を形成して溶接する方法を「プロジェクション溶接」と呼びます。突起形状には溶接用ナットを使用する場合もあります（**図7-16**）。

図7-16 プロジェクション溶接用ナット

プロジェクション溶接の仕組みは、スポット溶接と同じ理屈です（**図7-17**）。

接触抵抗は接合界面の形状で不安定になる傾向があり、プロジェクション溶接では、突起部によりこの不安定性を除去することができます。

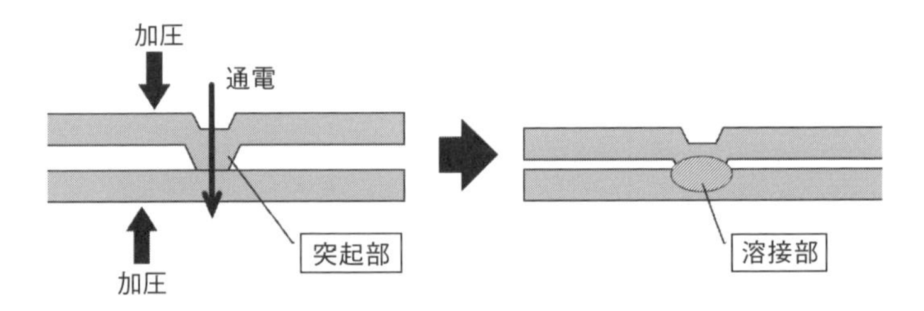

図7-17 プロジェクション溶接の仕組み

φ(@°▽°@) メモメモ

スポット溶接記号

スポット溶接する場所を打点と言い、図面作成時には、打点の位置に溶接記号の矢を示します。JISによるスポット溶接の記号が変更されていますので、新旧の記号の違いを知っておきましょう。

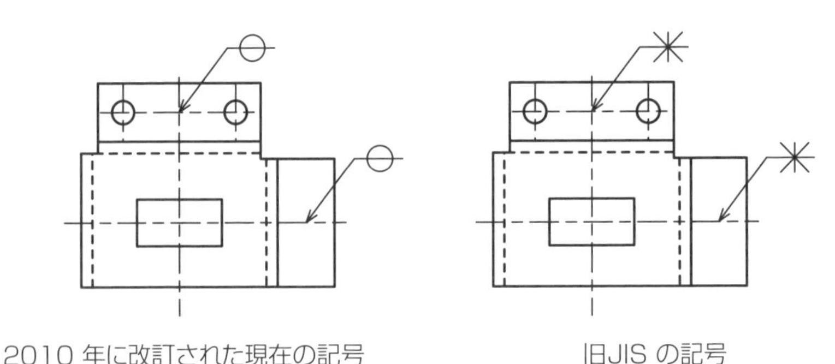

2010年に改訂された現在の記号　　旧JISの記号

3）スタッド溶接

スタッド溶接とは、「スタッド」と呼ばれる専用のボルトやピンなどを、アーク電流と加圧によって金属板に瞬間溶接できる方法です。スタッド溶接にはいくつかの方式があり、機械製造業で用いられるのは、CD方式スタッド溶接（Capacitor Discharge Stud Welding）が一般的です（**図7-18**）。

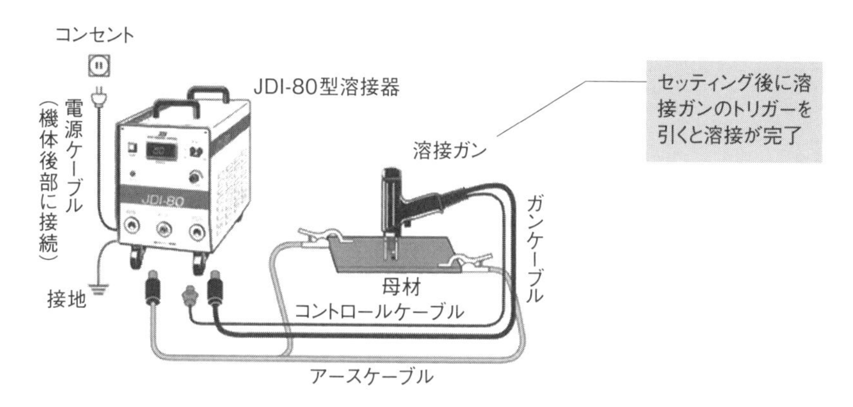

図7-18 CD方式スタッド溶接機の構成　（出典：日本ドライブイット株式会社　JDI-80）

CD方式スタッド溶接は、スタッドの材質によってコンタクト方式とギャップ方式に大別され、軟鋼やステンレスのスタッドの場合、スタッドの先端突起を母材に直接圧接した状態で放電させるコンタクト方式が用いられます（**図7-19**）。

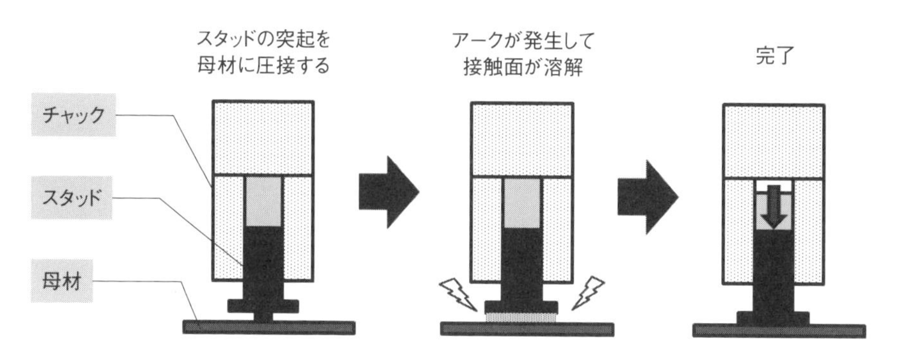

図7-19 CD方式スタッド溶接（コンタクト方式）の流れ

アルミニウムやチタンのスタッドでは、スタッドの先端突起を母材から離した状態から圧接放電させるギャップ方式が用いられます。

3. 抵抗溶接を検討する際の材質選定

抵抗溶接で組み立てる前提で板金部品を設計する場合、抵抗溶接に適している金属から部品の材質を選定しなくてはいけません。具体的な材質別に、向き不向きを見ていきましょう（表7-9）。

ポイントは、「熱伝導率と電気伝導率が適正値に近いこと」です。熱伝導率が高いと、溶接部に加えられた熱がそこにとどまりにくく、溶接部に十分な溶け込みが得られません。また、電気伝導率が高いと抵抗値が低く、高いジュール熱が発生しないのです。

表7-9 材質別の抵抗溶接適正度

材質	適正度	適正度の理由
軟鋼、ニッケル、ステンレス	◎	熱伝導率と電気伝導率が適正値に極めて近く、最適。
アルミニウム合金、銅合金	○	熱伝導率と電気伝導率が変化するため、抵抗溶接が行いやすい。
純アルミニウム、純銅	△	熱伝導率と電気伝導率の数値が高すぎる。より高い電圧を掛けられる抵抗溶接機が必要。

軟鋼、ニッケル、ステンレスは、熱伝導率と電気伝導率が適正値に極めて近いことから、抵抗溶接に向いた材質です。

銅合金やアルミニウム合金は、熱伝導率と電気伝導率が変化するため、抵抗溶接が行いやすい材質になりますが、一方で、純銅や純アルミニウムは、熱伝導率と電気伝導率の数値が高すぎて、より高い電圧を掛けられる抵抗溶接機が必要になります。すると、一般的な抵抗溶接機しか所有していない現場では溶接不可となり、高い電圧を掛けられる溶接機を持つ業者を探して対応してもらうことになります。

アルミニウムや伸銅の中から材質を選定する場合は、溶接業者を選ばない「合金」を優先に検討するとよいでしょう。

第8章

複雑形状に強い！「成形加工」

成形加工とは、鉄鋼材料や非鉄金属、樹脂などの素材を、加熱した赤熱状態のまま、あるいは常温のままで加圧して変形させたり、素材を溶融させて型に流し込んで部品の形状を製作する方法である。板金加工のプレスも、成形加工の一部と言える。

第8章	1	設計目線で見る鋳造（砂型鋳造）

鋳造（ちゅうぞう）とは

鋳造とは、材料（主に鋳鉄、アルミ合金、銅など）を、融点よりも高い温度で熱して液化させた後に、型に流し込み冷やして目的の形状に固める加工法である。鋳造でできた製品のことを鋳物（いもの）と呼び、鋳造に使用する型のことを鋳型（いがた）と呼ぶ。

鋳造は、自動車のエンジンブロックや配管用の継ぎ手といった、複雑な形状の部品を作るのに向いている加工方法です。型は、材質の違いによって砂型と金属型に大別されるので、工法は「砂型鋳造」と「金型鋳造」とに分かれます。鋳造に用いられる材料は、鋳鉄や鋳物用アルミ合金です。

この章では砂型を用いた鋳造について説いていきます。

それでは、砂型鋳造の基礎知識を確認していきましょう。

1. 砂型鋳造の製造工程
2. 砂型鋳造のメリット・デメリット

1. 砂型鋳造の製造工程

砂型は、目的の形状を木や樹脂で作った「原型」から砂を固めて作成します。

型に流し込まれた金属は加圧されず自重で成形され、鋳造が終わると製品を取り出すために型を壊して、また同じ原型を繰り返し使って型を作り、次の鋳造を行います（図8-1）。

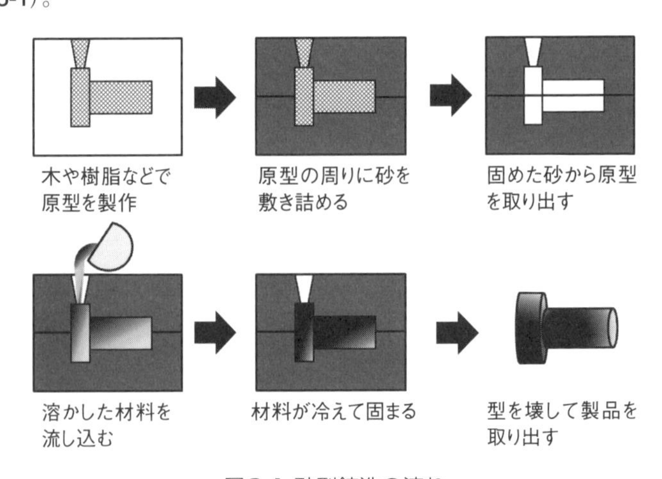

図8-1 砂型鋳造の流れ

2. 砂型鋳造のメリット・デメリット

砂型鋳造は、原型の大きさや形状を問わず、周囲に砂を敷き詰めれば型ができます。製品形状の自由度が高いので、形状変更を繰り返すような試作開発では適した方法です。その代わり、大量生産には不向きなので、大量生産では、砂型ではなく金型で対応するようになります。

金型鋳造による鋳造品は、砂型の鋳造品よりも寸法精度と機械的特性が高い特徴があるので、製品の仕様と生産する量に合わせて、型のタイプを検討します。

第8章　2

設計目線で見る鍛造

鍛造（たんぞう）とは

鍛造とは、「鍛えて造る」という言葉の通り、金属を叩いて圧力を加えることで強度を高め、目的の形状に成形する加工である。叩く作業によって素材が粘り強くなるため、衝撃に強い性質（靭性）を与えられることが特徴である。

鍛造は、金属を叩いたり加圧することで材料の粗い組織を微細化し、結晶の方向を整えることで強靭性を高められる成形方法です。

鉄は叩くことで介在物を除去し強くなることが古くから知られています。その性質上、強度が必要な製品によく用いられ、古来日本では、刀鍛冶（かたなかじ）による日本刀の製造に、高度な鍛造技術が用いられていました。現代では、自動車や航空機などの機械部品から、生活上で身近な包丁など、さまざまな分野で用いられています。

身近な製品として、自動車に用いられている鍛造部品の一例を示します（**図8-2**）

図8-2 鍛造による自動車部品

それでは、鍛造加工の基礎知識を確認していきましょう。

1. 鍛造加工の概念
2. 鍛造と鋳造の違い
3. 熱間鍛造と冷間鍛造

1. 鍛造加工の概念

鍛造加工の概念図を示します（**図8-3**）。

材料を溶かして成形する鋳造では、融点が低い鋳造用の材料を用いますが、鍛造加工で用いる材料には特に「鍛造用」というものはありません。

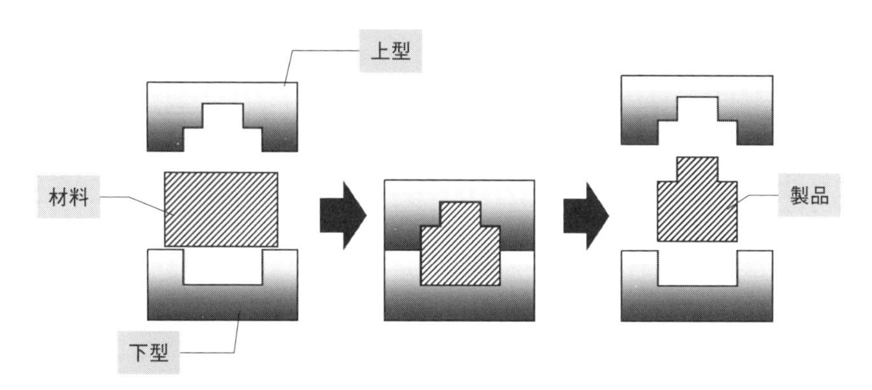

図8-3 鍛造加工の概念図

鍛造加工は、鍛造の型に合わせて材料を準備し、加圧して成形することで加工物を得ることができます。切削加工等と比べて材料が少なくてすむことと、加工が速いので大量生産に向いているなど、数々のメリットがあります。

2. 鍛造と鋳造の違い

鍛造は金属をたたいて成形する加工法で、鋳造は金属を溶かして液体にして型に流し込んで成形する加工法です。加工法が違おうと同じ形状の部品を作ることはできますが、いくら見た目が同じでも、機械的性質では決定的な違いがあります。また、それぞれメリットとデメリットがあります（**表8-1**）。

表8-1 鍛造と鋳造の違い

	鍛造（たんぞう）	鋳造（ちゅうぞう）
加工法	金属を金型で圧縮することで成形する。	溶かした金属を型に流し込んで成形する。
メリット	圧縮によって金属内部のすき間がつぶされて結晶が整うため、機械的性質が向上する。	原型を元にして型を作るので、形状の自由度が高く、複雑形状でも加工できる。
デメリット	成形後に型から抜くための「抜き勾配」が必要。また、部品形状によっては、無駄な肉付けが必要な場合がある。	強度の問題から、ある程度の肉厚を確保する必要があり、鍛造品に比べて重量が重くなる。

3. 熱間鍛造と冷間鍛造

鍛造は、加工時の材料温度の違いによって、主に熱間鍛造と冷間鍛造の2つに分類されます。

熱間鍛造は、金属を高温で熱して、柔らかくしてから成形する方法です。熱間鍛造は材料の粗い組織が微細化して機械的性質が向上するので、強靭性と耐久性を要求する部品の加工には最適です。例としては、自動車のピストンロッド、クランクシャフト、高圧バルブの加工などです。

金属を常温のまま成形を行う冷間鍛造は、熱間鍛造と比べて高い圧力が必要になります。そのため、配管継手や光学機器の部品など、比較的小さい部品の加工に用いられることが多いです。なお、銅や真鍮は伸び率が小さく加圧中に割れてしまうので、冷間鍛造の材料には不向きです。

それぞれの特徴をまとめました（**表8-2**）。

表8-2 材料温度の違いによる2つの鍛造方式

熱間鍛造	約1000～1200℃の高温に加熱して成形する。 素材の変形抵抗を抑えられる。 複雑形状、大型部品の成型に最適。
冷間鍛造	常温で成形する。 熱による材料の膨張と収縮の影響がないので、寸法精度が優れ、管理がしやすい。 表面の仕上がりが優れている。

それでは、それぞれの鍛造方法を詳しく見ていきましょう。

1）熱間鍛造

2）冷間鍛造

1）熱間鍛造

熱間鍛造は材料を“再結晶温度”以上に加熱して鍛造を行う方法です。材料は赤熱された状態で鍛造されます。熱間鍛造の工程の流れを示します（**図8-4**）。

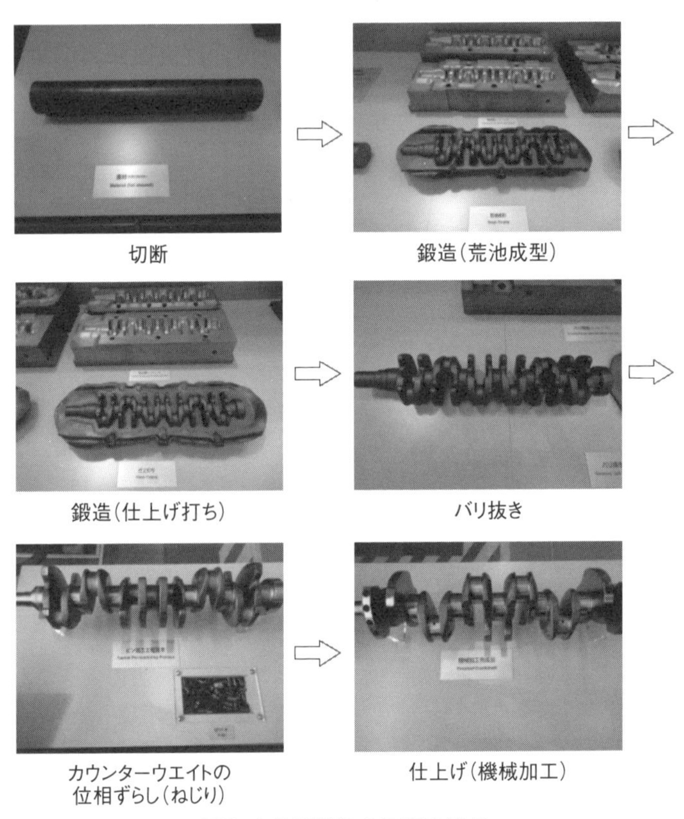

図8-4 熱間鍛造の工程の流れ

熱間鍛造では再結晶温度以上に加熱した状態で打撃を加えることから、内部欠陥がなくなり金属の結晶粒が細かくなり、組織を緻密で均質にすることができます。

① メリット

鍛造では、材料に製品の形状に沿った鍛流線（ファイバーフロー、あるいはメタルフローライン）が形成されます。これによって、鍛造品では粘りや靭性を高めることができます（**図8-5**）。

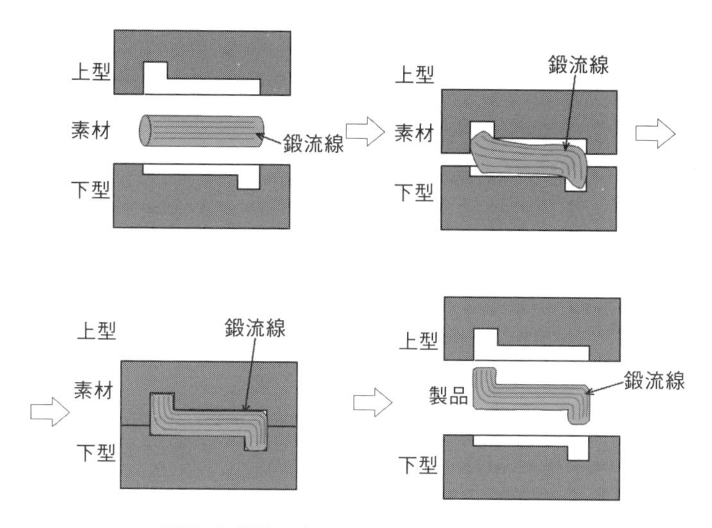

図8-5 鍛造工程における鍛流線の形成状態

棒材からの削りだし品や鋳造品では内部に鍛流線が形成されないことから、内部組織が不均一なものとなります。そのため、切削品や鋳造品は鍛造品に比べて反復曲げ応力に対してもろくなります。また、鋳造品では内部にガスが溜まって空間（巣）ができますが、熱間鍛造では空間（巣）はできません。

② デメリット

一方で、熱間鍛造では、冷却時に熱収縮により寸法精度が落ちる、表面に酸化被膜ができるという短所もあります。

熱間鍛造では材料温度を1,200℃程度まで上げますが、このときに発生するのが酸化スケール（酸化被膜）です。これがひどいと、後加工したときの「黒皮残り」「寸法公差外れ」「外観不良」など、多くの問題へと繋がるので注意が必要です。

2）冷間鍛造

厚い金属を成形する鍛造では、薄い金属板に曲げや絞りを加える板金プレス以上の加圧力が必要ですから、プレス機も比較にならないほど大型になります（**図8-6**）。物によっては数万トンクラスの大型プレス機を用いることもあります。

図8-6 1000トン冷間鍛造プレス機（写真提供：有限会社河口工業）

冷間アルミ鍛造を例にとって、加工の大まかな流れを見ていきましょう。

材料を加熱しない冷間鍛造では、金型と材料の摩擦を軽減し焼付きを抑えるために、加工前に潤滑処理（アルボンデ処理）をします（**図8-7**）。

図8-7 切断した材料に潤滑処理を行う（写真提供：有限会社河口工業）

なお、A2000系、A6000系などの熱処理合金でT4、T6処理がなされている場合は、潤滑処理の前に焼きなましが必要になります。

冷間鍛造後に、潤滑皮膜を除去するために酸洗い処理を行います。ここまででブランクができあがります。熱処理合金であれば、このあと熱処理に回されます（**図8-8**）。

図8-8 冷間鍛造後に酸洗い処理を行う（写真提供：有限会社河口工業）

ブランクを完成形状にするために、旋盤やマシニングセンタ等による二次加工を行い、必要に応じて最後に表面処理を行い完成となります（**図8-9**）。

図8-9 切削による二次加工後完成（写真提供：有限会社河口工業）

① メリット

近年は、強度と軽量化を併せ持った部品加工が求められる傾向が強いので、伸びやすい性質のアルミニウムは冷間鍛造に最適です。鉄や真鍮からアルミに置き換え、さらに内部を打ち抜き中空化を行うことで、強度の確保と軽量化を叶えた鍛造品も多く見受けられます。

② デメリット

冷間鍛造では、投入時に20℃～30℃の材料温度が加工時には50℃～60℃になり、膨張します。その後ふたたび常温まで下がりますが、この温度差が大きいと変形の度合いが大きく出る傾向があります。

冷間鍛造での薄肉形状は加圧を上げることになり、型へのダメージが大きい上に型の中での肉の移動に限度があるため得意ではありません。設計する部品を薄肉化したい場合、そこに求める機能と性質によっては、鍛造ではなくダイカストという選択肢もあるでしょう。ダイカストについては、次項で詳しく説明します。

第8章	3	設計目線で見る ダイカスト

ダイカストとは

ダイカストとは鋳造法の一種で、金属製の金型に溶融した金属（溶湯）を高圧で注入することにより、高い寸法精度の鋳造品を短時間に大量生産することができる成形方法である。

ダイカスト用の材料には溶融点の低い合金が適しているので、主に用いられる材料は、アルミ合金、亜鉛合金、マグネシウム合金になります（**図8-10**）。

基本的に溶融点の高い合金は不向きですが、銅・鉛・錫（すず）の合金を使用することもあります。

図8-10 アルミダイカスト製品

それでは、ダイカストの基礎知識を確認していきましょう。

1. 鋳造とダイカストの違い
2. ダイカストの成形工程

1. 鋳造とダイカストの違い

鋳造とダイカストは、ともに「型」に溶かした金属を流し込んで成形する加工法ですが、どちらにもメリットとデメリットがあります。メリットに注目すると、どの成形方法を選択するかの目安になります（**表8-3**）。

表8-3 鋳造法の種類と特徴

	砂型鋳造	金属鋳造	ダイカスト
鋳造速度	△	△	○
金型費用	○	○	△
寸法精度	×	△	○
部品の薄肉化	×	△	○
鋳肌の表面状態	×	△	○
大量生産	×	○	○
大型部品	○	△	△
鉄、銅の使用	○	×	×
試作期間	○	×	×

ダイカストは薄肉製品に適しているし、表面の状態も寸法精度も優れているのね

ダイカストには金型が必要だから、費用と試作期間は多めに見ておかないといけないよ

2. ダイカストの成形工程

ダイカストの工程は、鋳造とほぼ同じと考えてよいです。大きな違いは、金型内に材料を充填させる際に、「高速・高圧で注入する」という点です。

アルミインゴットを、溶解保持炉を用いて600～700℃の高温で溶かします（**図8-11**）。

図8-11 アルミインゴットと溶解保持炉（写真提供：愛和電子株式会社）

溶けた材料をダイカストマシンの金型内へ注入し、素早く冷却して固めて取り出します（**図8-12**）。

図8-12 ダイカストマシン（写真提供：愛和電子株式会社）

図8-13は、ダイカスト成形の流れをまとめた模式図です。

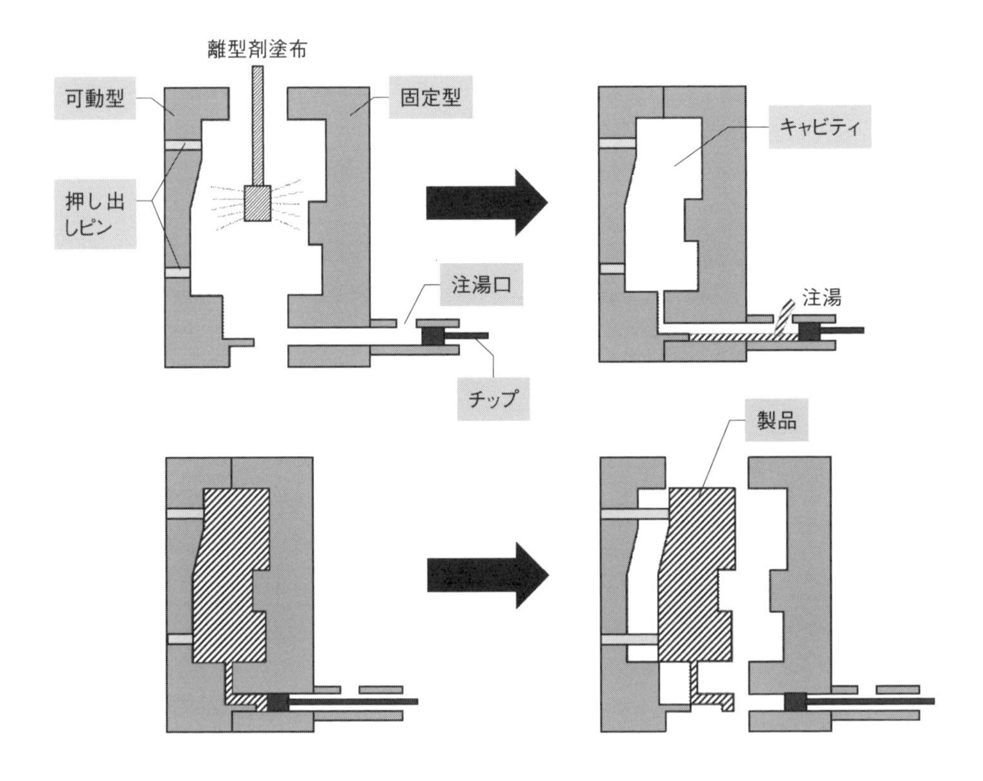

図8-13 ダイカスト成形の流れ

金型から取り出された製品は、その後、切削加工等の二次加工を経て完成品となります。

第8章	4	設計目線で見る ロストワックス鋳造

ロストワックス鋳造とは

ロストワックス鋳造法とは、ワックス（ロウ）でできた原型をセラミック（石こう）で覆って焼き固めることにより鋳型を作り、その鋳型に金属を流し込むことで、原型と同じ形状をワックスから金属材料に置換する鋳造法のことである。

ロストワックス鋳造は、複数の量産用原型を金型で製作することができるので、ある程度の生産数からごく少数の生産数まで、広い範囲で生産を行える方法です。また、鋳造でありながら寸法精度が比較的良く、圧延材料と異なり機械的特性が等方的であるなどの利点を有しています。

それでは、ロストワックス鋳造の基礎知識を確認していきましょう。

1. ロストワックス鋳造法の工程と量産用原型制作の流れ
2. ロストワックス型製作の流れ
3. ロストワックス鋳造の鋳込みの流れ

1. ロストワックス鋳造法の工程と量産用原型制作の流れ

ロストワックス鋳造の具体的な工程は、原型製作、量産型製作、ロストワックス型製作、鋳込み、型壊し、仕上げの順に行われます。

ロストワックス鋳造工程のうち、量産用原型製作の流れについて示します（図8-14）。

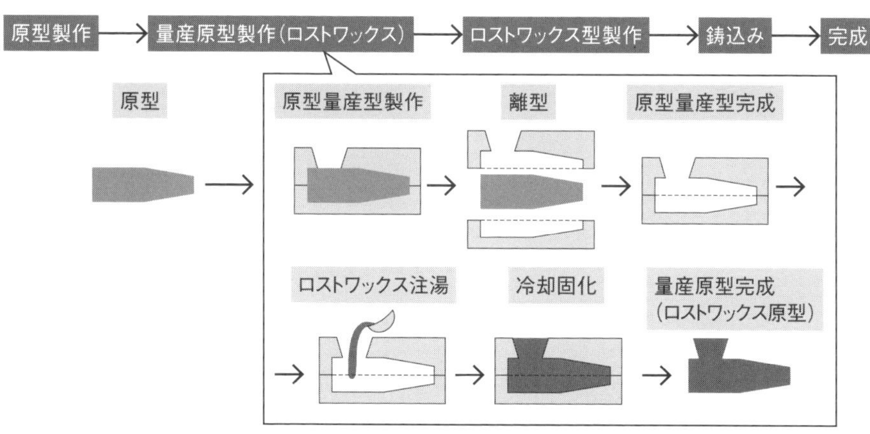

図8-14 ロストワックス鋳造法（原型製作～量産用原型製作）

ロストワックス鋳造法では、まず1つの原型から金型を起こして、原型と同じ形・寸法の複数の量産用原型を作る必要があります。次に製作した量産用原型金型にワックス（ロウ）を注湯し、冷却固化させた後、型から取り出すことで量産用原型が完成します。

2. ロストワックス型製作の流れ

ロストワックス鋳造工程のロストワックス型製作の流れについて示します（**図8-15**）。

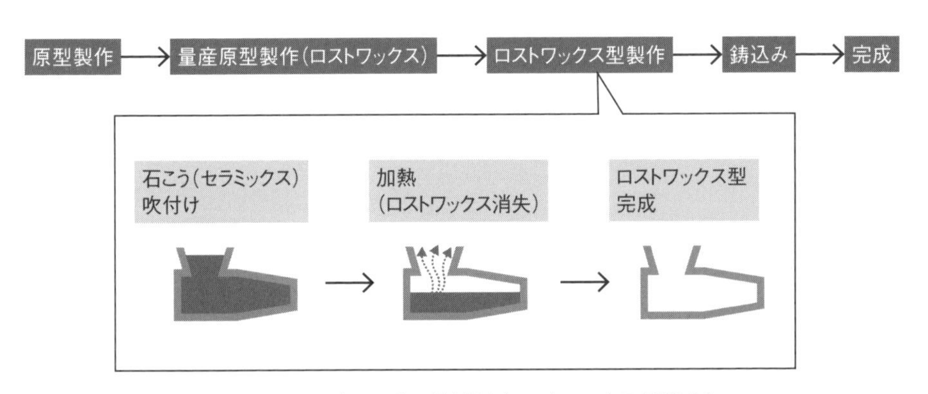

図8-15 ロストワックス鋳造法（ロストワックス型製作）

量産用原型の周囲に石こう（セラミックス）を吹き付けて量産用原型を覆います。そして、吹き付けた石こう（セラミックス）とともに加熱することで、石こう（セラミックス）の内側の量産用原型のワックス（ロウ）が消失します。すると、量産用原型を覆っていた石こう（セラミックス）だけが残った中空の型が完成します。

3. ロストワックス鋳造の鋳込みの流れ

ロストワックス鋳造工程の鋳込みの流れについて示します（図8-16）。

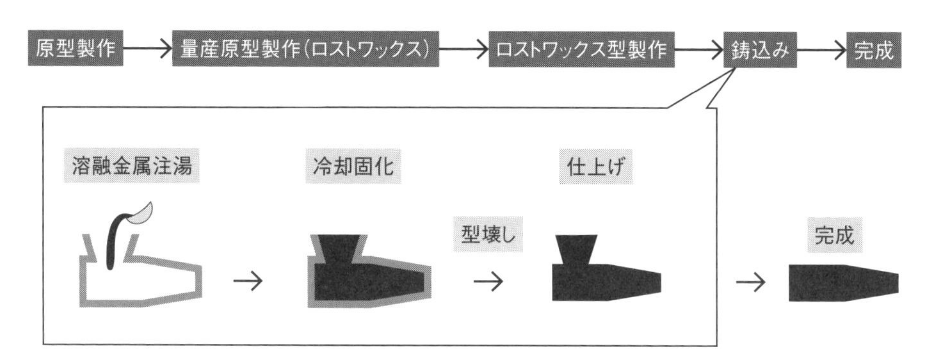

図8-16 ロストワックス鋳造法（鋳込み）

石こう（セラミックス）でできた中空の型に溶融金属を注湯し、金属を冷却固化させます。

その後石こう（セラミックス）でできた型を壊すと、量産用原型と同じ形状の製品を金属材料で得ることができます。さらに、湯口の切り離しや表面等の仕上げ加工を行うことで、原型と同一形状のものを得ることができます。

φ(@°▽°@) メモメモ

エレクトロフォーミング法（電鋳法）

エレクトロフォーミング法とは、電解めっきによりニッケルめっき層を析出させて厚く積層し、金属製品を高精度成形する技術です。

製造業でエレクトロフォーミング技術が使われているのは、プリント基板の表面実装用メタルマスクです。メタルマスクとは、表面実装の際、基板上の部品搭載位置にはんだペーストを印刷するための版（ステンシルシートのようなもの）のことです。

通常はレーザ加工の平坦なメタルマスクが用いられますが、COB（チップオンボード）基板の表面実装では、実装済みのIC チップを避けてはんだペーストを印刷しなくてはなりません。この時に、基板上の部品の凸の位置と形状に合わせた立体形状のメタルマスクが必要になります。これが「アディティブマスク」と呼ばれる、エレクトロフォーミング法で製作したメタルマスクです。

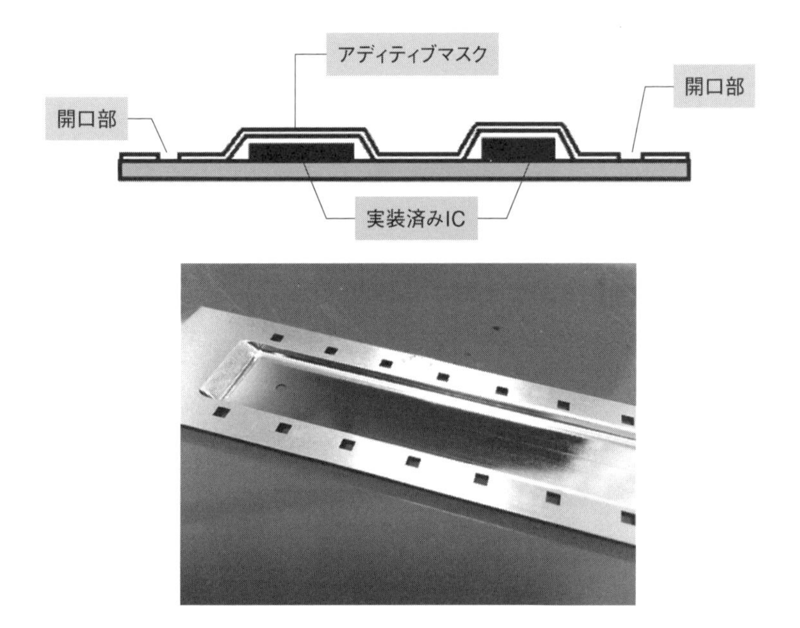

この加工技術を一般的な部品加工で用いることはまれなことですが、板金加工以上の寸法精度が得られるため、工法の存在を知っておくと役に立つことがあるかと思います。

第8章	5	設計目線で見る射出成形

設計目線で見る射出成形

射出成形とは

射出成形（Injection Molding）とは、加熱し溶解させた樹脂材料を金型内に射出注入し、冷やし固めることによって、成形品を得る方法である。

射出成形は、複雑な形状の樹脂製品を一回の作業で作れるので、大量生産向きの加工法です。金型の構造と成形の諸条件を最適化することにより、100分台の寸法精度で加工することも可能です。

また近年では、開発・試作の期間の短縮とコストを抑える目的で、熱硬化性樹脂の3D積層造形による簡易金型を用いた射出成形も普及しています。

それでは、射出成形の基礎知識を確認していきましょう。

1. 射出成形機の概要と構成
2. 射出成形の流れ

1. 射出成形機の概要と構成

射出成型機の概要を示します（図8-17）。

図8-17 射出成形機（写真提供：有限会社スワニー）

射出成形に用いられる機械が、射出成形機です。使用するには、作りたい部品形状に合わせて作った専用金型が必要です。

射出成型機の金型取り付け部分を示します（**図8-18**）。

図8-18 金型取り付け部分（写真提供：有限会社スワニー）

一般的なスクリュー式射出成形機の構成を示します（**図8-19**）。

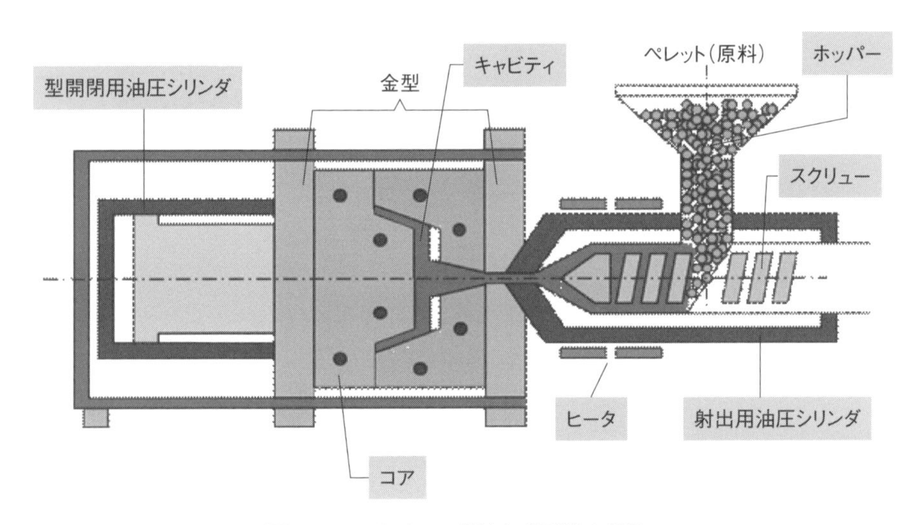

図8-19 スクリュー式射出成形機の構造

2. 射出成形の流れ

射出成形の材料には、ペレットと呼ばれる細かい粒状の樹脂を用います。

ホッパーに入れられたペレットは、ヒーターとスクリューの摩擦熱で加熱されて溶けながら、射出用油圧シリンダーによって押し出されて金型に注入されます。

射出成形の金型はダイカスト金型と同じく、成形品を形作るため材料を流し込む空間を作るための凹凸部分が設けられています。この凹部分をキャビティといい「雌型」とも呼ばれ、凸部分はコアといい「雄型」とも呼ばれます。そして、キャビティとコアの境界面を「パーティングライン」と言います。

パーティングラインは、成形品から確認することもできます。(図8-20)

図8-20 成形品に見られるパーティングライン

基本的にキャビティは成形品の外観面側になり、コア側が非外観面側となるため、成形後に型を開いた際、成形品はコア側に残ります。コア側には製品を取り出すためのエジェクタピンが備えられており、それによって製品を型から突き離して取り出します（**図8-21**）。

図8-21 成形品の離型の様子（写真提供：伊福精密株式会社）

成形品にはエジェクタピンの痕が残りますから、観察すると痕がついている面がコア側であることがわかります（**図8-22**）。

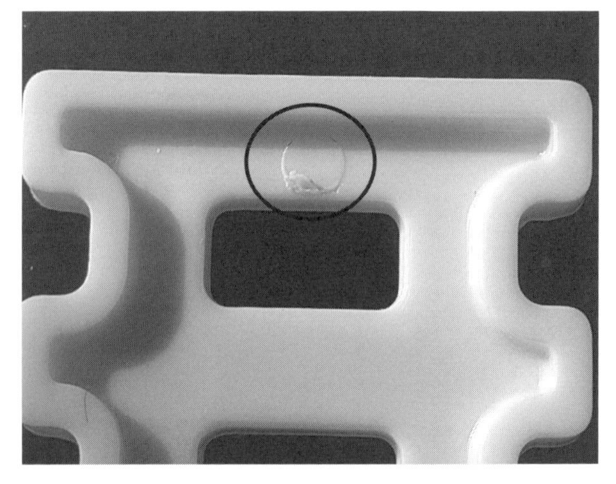

図8-22 成形品に残るエジェクタピンの痕

設計目線で見る「穴がクロスするぞ！アンダーカット形状と金型コストの関係」

射出成形におけるアンダーカット形状とは、金型から成形品を取り出す際に、型を開く動作だけでは取り出せない形状のことです。型開き方向のみでの金型開閉動作では、金型のパーティング面に対して垂直に配置されていない穴や凸凹などは、アンダーカット形状となります（**図8-23、図8-24**）。

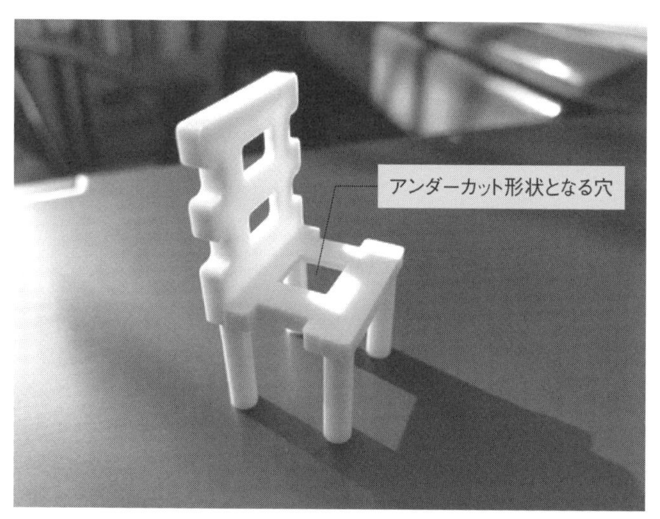

図8-23 アンダーカット形状の成形品

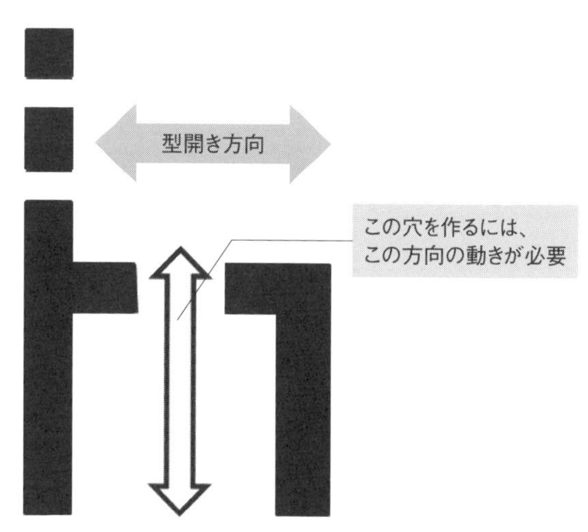

図8-24 型の開閉方向とアンダーカットの関係

こうしたアンダーカットを金型内で処理する場合、最も一般的な方法として、型開き方向に対して垂直に動く「スライド機構」を検討することになります。

スライド機構とは、「スライドコア」と呼ばれる部品で構成され、アンギュラピンによって型開きと型締めの動作に連動して可動する機構のことです。製品形状によっては、油圧シリンダやエアーシリンダで可動させる場合もありますが、アンギュラピンを用いた機構が一般的です。

まず、型の開きに対して垂直の動きをする別部品を用意します。これがスライドコアです。スライドコアは、型締め時はロッキングブロックで固定されており、型開き時に固定が解除されてアンギュラピンによって可動して成形品から抜けます。この動作によって、アンダーカットを処理することができます（**図8-25**）。

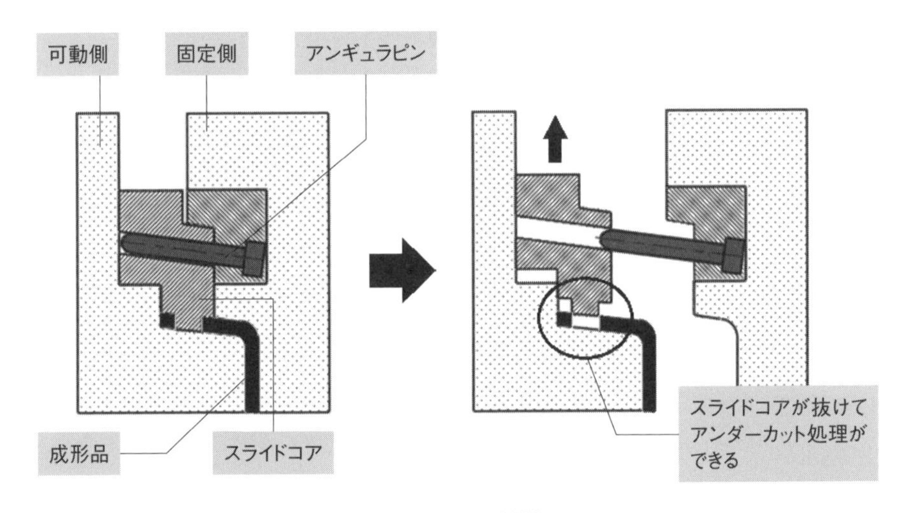

図8-25 スライド機構

そもそも製品がアンダーカット形状でなければ、スライドはいらない機構であるとも言えます。金型に余分な機構を仕込むということは、型の製作工数が増えて金型コストがアップします。また、金型はいつも同じように動いているようでも、だんだんと疲労していくものです。型開き時にスライドがわずか数ミクロン浮くだけでも、成形品には傷がつくことがあります。このように、金型の構成が複雑になると、成形品の不良発生率も上がることになります。

製品の機能やデザイン性を十分検討しながら、極力アンダーカットを避けた形状設計を意識するようにしましょう。

第8章	6	設計目線で見るコイルばね加工

コイルばね加工とは

コイルばね加工とは、棒あるいはワイヤー状の材料をらせん状に巻いて成形する加工である。直径の太い棒をらせん状に巻く熱間加工と直径の細いワイヤーをらせん状に巻く冷間加工に分類される。

機械設計で頻繁に用いられる圧縮ばね、引張ばね、ねじりばね等の金属ばねは、用途や使用環境によって材料形状や成形方法が違ってきます。

材料の形状には大きく分けて線材と板材があり、成形方法には、材料を熱して加工する熱間成形と、常温で加工する冷間成形とがあります。

この加工法の違いから、金属ばねは「熱間成形ばね」と「冷間成形ばね」に大別されます（**図8-26**）。

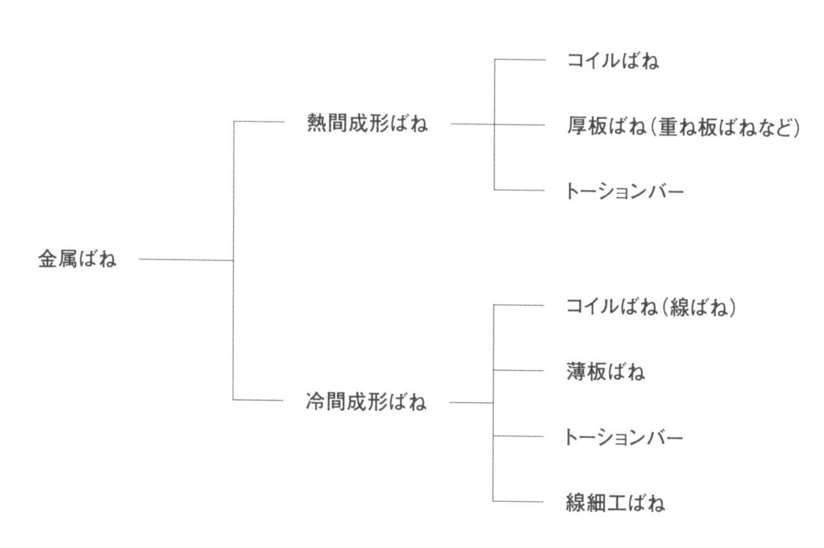

図8-26 製造方法で層別した金属ばねの種類

設計時には、荷重の条件や取り付けスペースの環境の条件などから、熱間成形ばねか冷間成形ばねのどちらかを選択します。設計者として、気をつけるべきポイントについて確認しましょう。

1. 成形用素材の特徴
2. 成形方法別の加工の流れ
3. 要求機能への考え方

1. 成形用素材の特徴

1）熱間成形用素材

代表的な熱間成形ばね用の素材は、「SUP」で表されるばね鋼で、素材の直径が太く、冷間成形ばねに比べて、大きな荷重を必要とする場合に使用します。

熱間成形ばねには次のようなものがあり、一般的にばね鋼が利用されます。

・ばね鋼……SUP6～13
・オイルテンパー線……SWO-A　SWO-B　SWO-V（弁ばね用）

2. 冷間成形用素材

代表的な冷間成形ばね用の素材は、「S W」や「SWP」、「SUSxxx-WP」などで表されるばね用の線材で、素材の直径が細く、0.025 mm～12 mm まで多くの種類があります。

OA機器などのリンク機構や把手など、コンパクトで軽荷重なものから、近年では自動車のサスペンションなどの重荷重用にも使用されています。

熱間成形材料は、加熱しながら成形するため厳密な熱管理が必要であり、熱管理のばらつきが荷重などのばらつきになり、品質や耐久性のばらつきにつながります。

冷間成形材料は、材料メーカーで適切に管理され熱処理を施した素材をそのまま常温で加工します。したがって、安定した生産が可能です。

2. 成形方法別の加工の流れ

熱間成形と冷間成形とでは工程に違いがあります。

それぞれの一般的な工程を見ていきましょう。

1) 熱間成形

2) 冷間成形

1) 熱間成形

コイルばねの熱間成形は、強度が調整されていない素材に熱を加えてコイル状に成形し、その後、焼入れ焼き戻しを行い、強度を調整する加工法です。

・加工工程（**図8-27**）

① 線状の線材を熱し必要な長さに切断する。

② 熱した線材を芯金に巻きつける。（端面処理の必要性があれば、一度冷やして加工する）

③ 加熱炉で材料を高温に加熱する。

④ 油の中に入れて焼き入れをする。

⑤ 焼き戻し処理をし、冷却・洗浄する。

a）熱した線材を芯金に巻きつける（②の工程）

b）焼き入れのために油浴する（④の工程）

図8-27 熱間成形（東海バネ工業にて撮影）

2）冷間成形

コイルばねの冷間成形は、素材の状態で強度を備えた線材を、常温でコイル状に成形するものです。熱を加えずに強度を備えた線材を加工すると、元に戻ろうとする残留応力が発生するため、それを除去するために、低温焼きなまし処理を行います。

・加工工程（図8-28）
① 線状の線材を芯金に巻きつけ、成形後、線材を切断する。
② 端面処理の必要性があれば、加工する。
③ 焼きなまし処理をし、冷却する。

a）常温の線材を芯金に巻きつける（①の工程）

b）焼きなまし後のばね（③の工程）

図8-28 冷間成形（東海バネ工業にて撮影）

芯金に巻きつける製造方法は小ロットの場合です。市販品のばねのような大量生産の場合は芯金を用いず、フォーミングマシンやコイリングマシン等のばね成形機を使って成形されます（図8-29）。

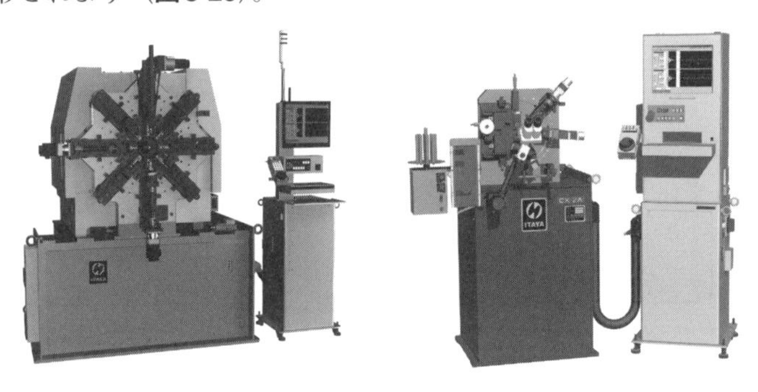

図8-29 各種ばね成形機（出典：株式会社板屋製作所）

設計目線で見る「要求仕様に対してトレードオフを考える必要がある件」

一般的な線形特性を持つばねの荷重は、計算どおりの値にはなりません。製図における寸法やカタチと同様に、必ずばらつきを持ちます。

ここで、計算値に対して、±10％のばらつきを許容する圧縮ばねを例に説明します。

第1荷重（弱いほうの荷重）は低めにばらつき、第2荷重（強いほうの荷重）は高めにばらつくことが一般的です。これは、たわみ量が大きくなるほど、コイル間のピッチが小さくなり、そのうちのいくつかの巻き線が接触することによって、見かけの有効巻数が減って、ばね定数が大きくなるためです（図8-30）。

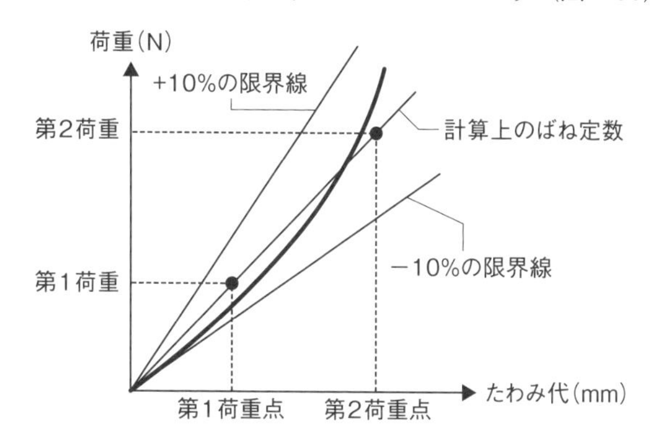

図8-30 ばね荷重のばらつき

設計者として、目標のばね定数があるにもかかわらず、第1荷重は高めにばらついて欲しい、さらに第2荷重は低めにばらついて欲しいと望む場合、ばねの製作は大変難しくなります。そのような背景がある場合には、最初からばね定数を欲しい値となるように設定しなければいけません。

設計目線で見る「圧縮コイルばねの図面って、どない描くねん！的な件」

圧縮コイルばねの形状や特性などを要目表の中に記入します（**図8-31**）。

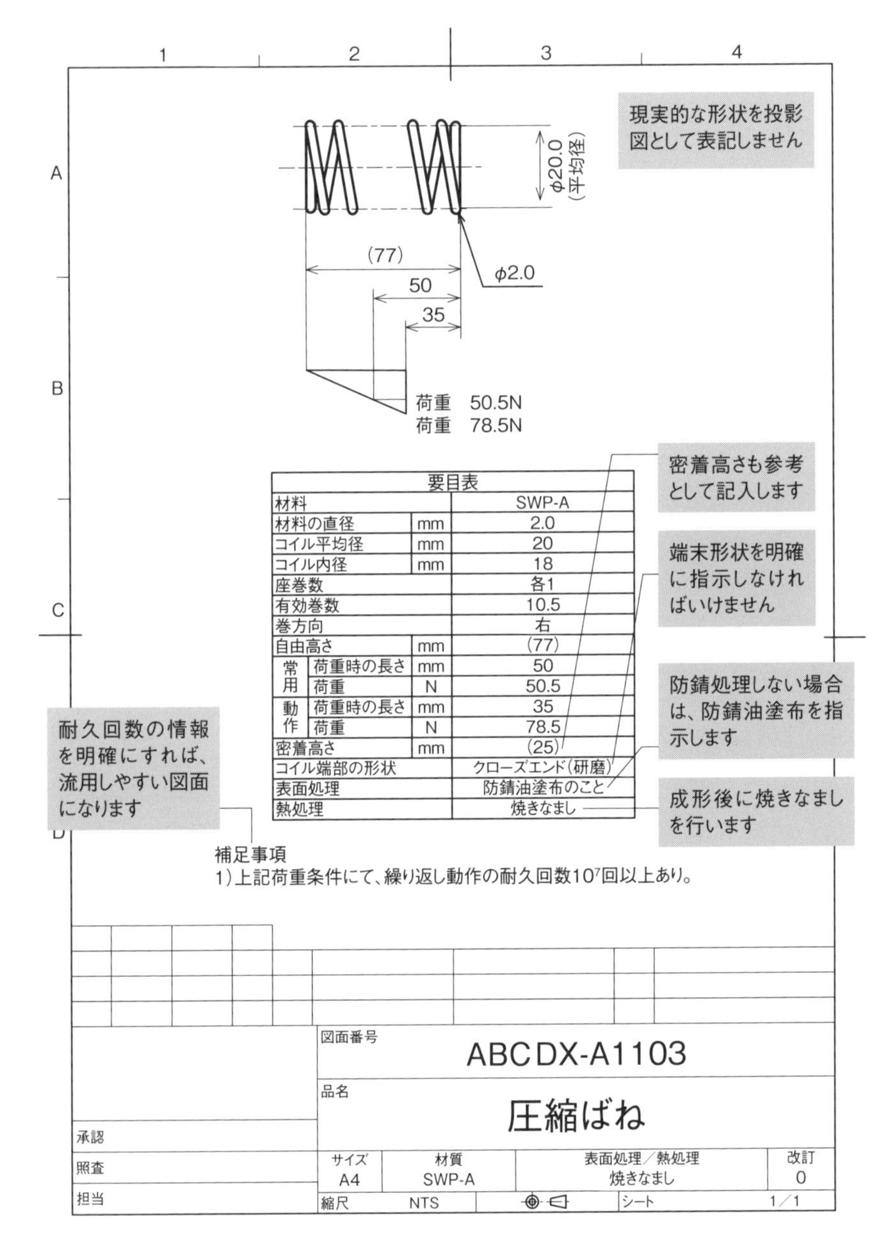

要目表			
材料			SWP-A
材料の直径		mm	2.0
コイル平均径		mm	20
コイル内径		mm	18
座巻数			各1
有効巻数			10.5
巻方向			右
自由高さ		mm	(77)
常用	荷重時の長さ	mm	50
	荷重	N	50.5
動作	荷重時の長さ	mm	35
	荷重	N	78.5
密着高さ		mm	(25)
コイル端部の形状			クローズエンド（研磨）
表面処理			防錆油塗布のこと
熱処理			焼きなまし

図8-31 圧縮コイルばねの図面例

設計目線で見る「引張りコイルばねの図面って、どない描くねん！的な件」

引張りコイルばねの形状や特性などを要目表の中に記入します（**図8-32**）。

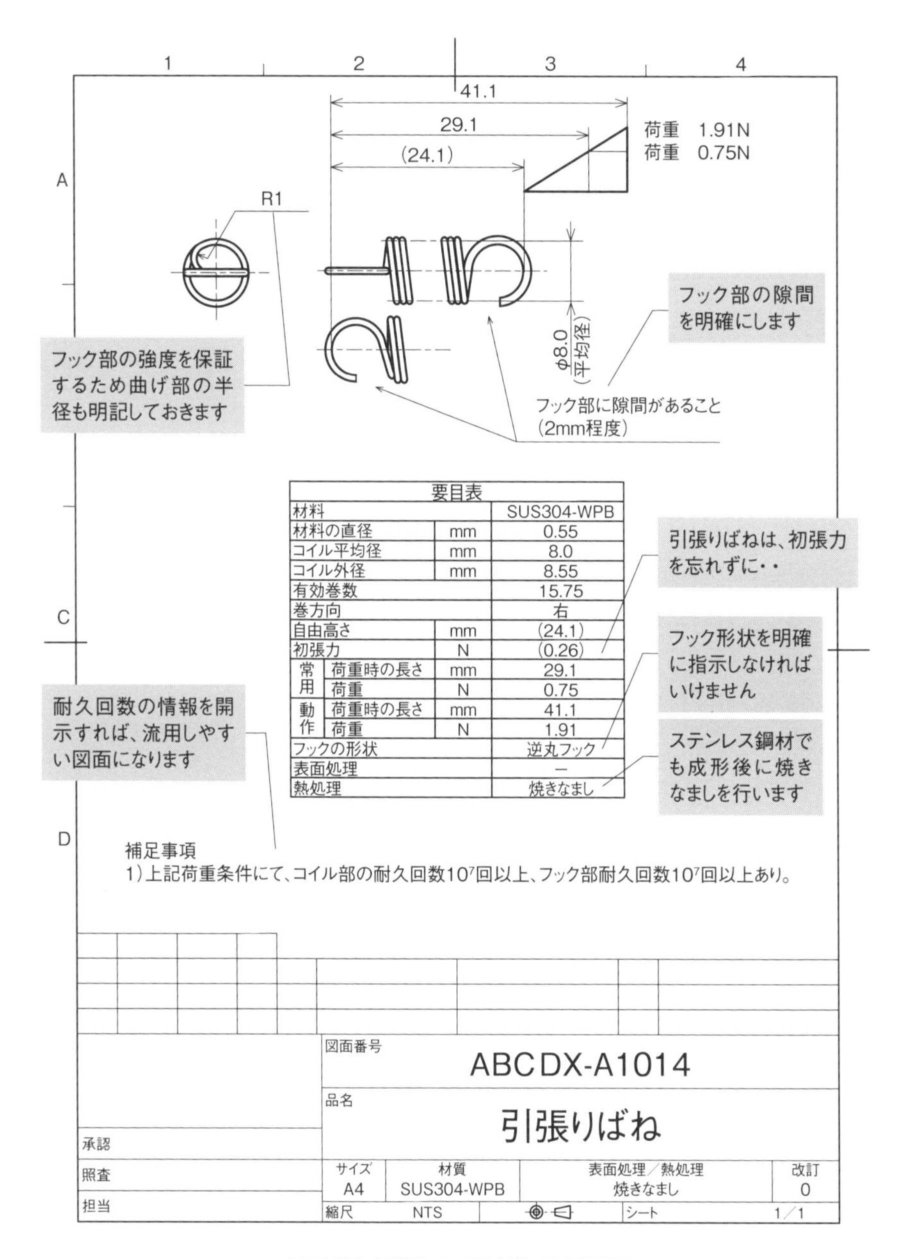

要目表			
材料			SUS304-WPB
材料の直径		mm	0.55
コイル平均径		mm	8.0
コイル外径		mm	8.55
有効巻数			15.75
巻方向			右
自由高さ		mm	(24.1)
初張力		N	(0.26)
常用	荷重時の長さ	mm	29.1
	荷重	N	0.75
動作	荷重時の長さ	mm	41.1
	荷重	N	1.91
フックの形状			逆丸フック
表面処理			―
熱処理			焼きなまし

図8-32 引張りコイルばねの図面例

設計目線で見る「ねじりコイルばねの図面って、どない描くねん！的な件」

ねじりコイルばねの形状や特性などを要目表の中に記入します（図8-33）。

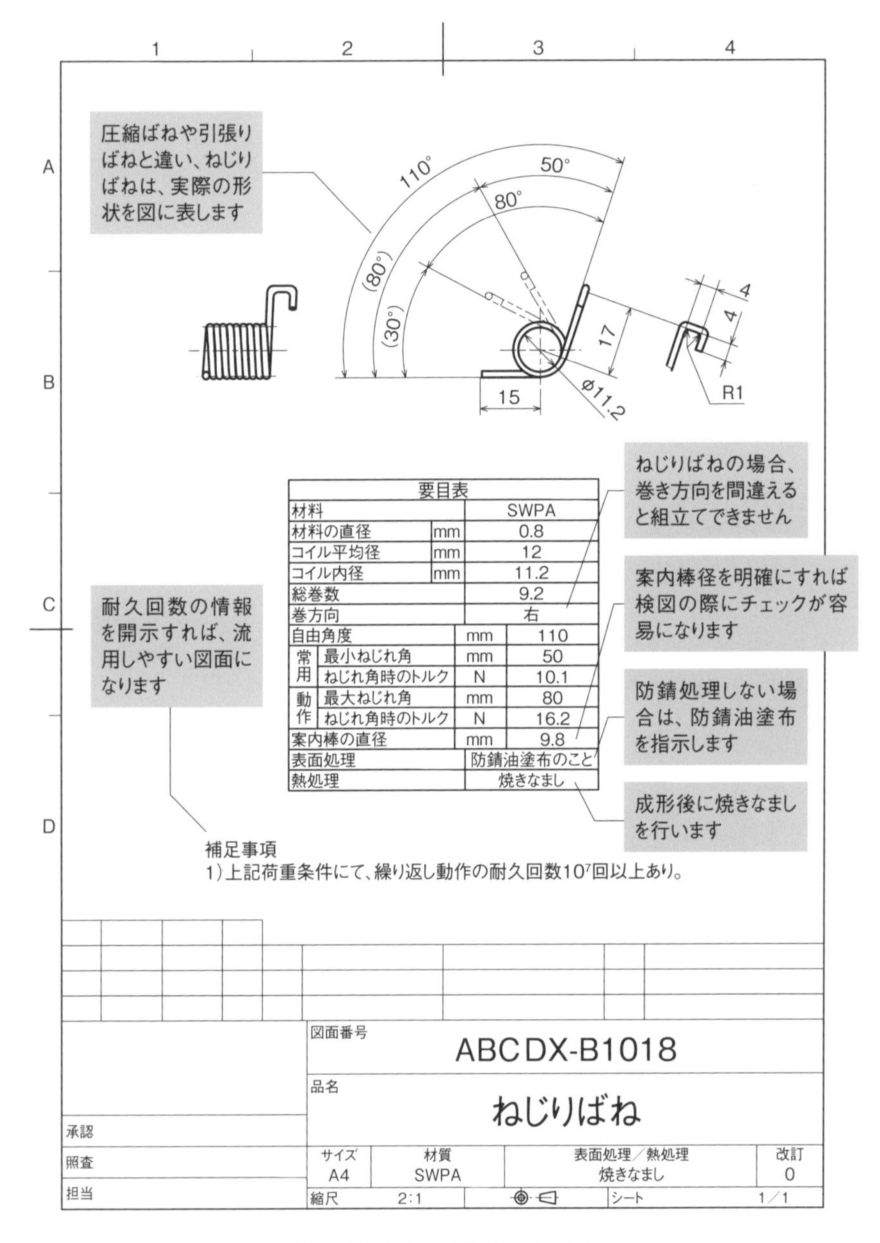

要目表			
材料			SWPA
材料の直径		mm	0.8
コイル平均径		mm	12
コイル内径		mm	11.2
総巻数			9.2
巻方向			右
自由角度		mm	110
常用	最小ねじれ角	mm	50
	ねじれ角時のトルク	N	10.1
動作	最大ねじれ角	mm	80
	ねじれ角時のトルク	N	16.2
案内棒の直径		mm	9.8
表面処理			防錆油塗布のこと
熱処理			焼きなまし

図8-33 ねじりコイルばねの図面例

第9章

短納期の救世主！「AM技術 1」

AM技術とは、付加製造技術(Additive Manufacturing)のことである。従来の切削加工等が材料を削ったり、切ったりする加工技術に対して材料を積み上げていく加工を指す。任意の造形箇所に材料を供給していく形状を作っていくというこの加工方法は、今までの加工方法とは異なるため、設計目線でも従来の加工方法とは別の目線が必要となる。そこで本章と次章で主なAM技術について説明する。

第9章 | 1

設計目線で見る材料押し出し法

材料押し出し（熱溶解積層）法とは

材料押し出し法とは、溶融させた樹脂を高さ方向に積層していくことで、所望する形状を作り上げていくAM技術の1つである。

AM技術とは、付加製造技術（Additive Manufacturing ）の頭文字を取ったものです。AM技術には現在、次の7つの造形法があります。

① 材料押し出し法
② 液槽光重合法
③ 粉末床溶融結合法
④ 材料噴射法
⑤ 結合剤噴射法
⑥ 指向性エネルギー堆積法
⑦ シート積層法

この中でも、産業界、個人ユースで普及してきている造形方法が、材料押し出し法、液槽光重合法、粉末床溶融結合法になります。

材料押し出し（熱溶解積層）法は、FDM（Fused Deposition Modeling）やFFF（Fused Filament Fabrication）と呼ばれ、樹脂を溶融させて積層させることで希望する立体形状を得る造形方法で、最も普及している造形方法です。

それでは、材料押し出し法の基礎知識を確認していきましょう。

1. 材料押し出し法の3Dプリンタの構成
2. 材料押し出し法の造形の流れ
3. 材料押し出し法における造形物の品質
4. 材料押し出し法の樹脂材料
5. 材料押し出し法における金属材料の採用

1. 材料押し出し法の3Dプリンタの構成

材料押し出し法の3Dプリンタの構成の概要を示します（**図9-1**）。

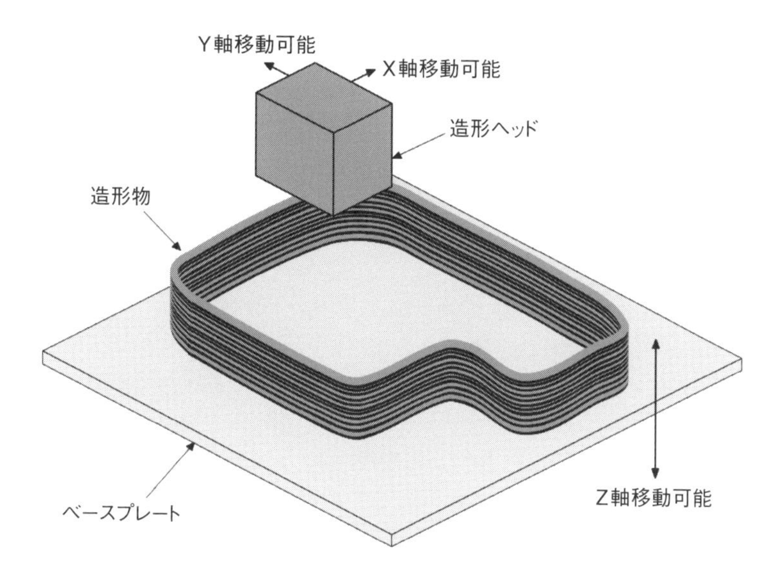

図9-1 材料押し出し法の3Dプリンタの構成の概要

材料押し出し法の3Dプリンタの一般的な構成は、X軸とY軸に移動可能な造形ヘッドと、Z軸方向に移動可能なベースプレートです。

3Dプリンタ本体には、フィラメントと呼ばれる線状の樹脂素材が巻かれたリールが取り付けられ、このリールから造形ヘッドにフィラメントを連続的に供給します。

造形ヘッドには、樹脂を溶融させるヒータと、溶融した樹脂を吐出するためのエクストルーダが設けられています。造形ヘッドのヒータで溶かされたフィラメントは、エクストルーダにより造形ヘッドの下部に設けられた吐出ノズルから吐出されます。吐出されたこの樹脂を積層することで、立体形状を造形していくわけです。

積層のプロセスについて、少し詳しく説明します。

まず、造形ヘッドのノズルから吐出された樹脂はベースプレート上に一筆書きの要領で塗布されます。これが1層目です。1層目の塗布が終わったら、一層分の高さだけベースプレートを下げて、1層目の樹脂の上に2層目を塗布します。そして造形完了まで同じ作業を繰り返していくのです。造形全体の流れは次項をご覧ください。

2. 材料押し出し法の造形の流れ

材料押し出し法における3Dプリントの流れを模式的に表します（**図9-2**）。

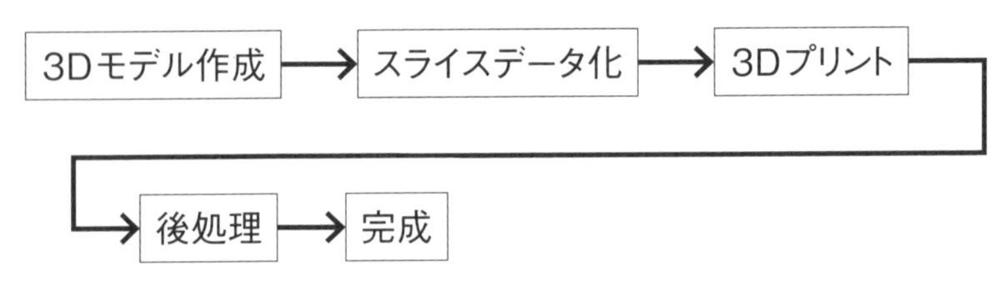

図9-2 材料押し出し法における3Dプリントの流れ

造形には3Dモデルデータが必要です。3Dモデルデータは、3DCADや3DCGソフトで作成、あるいはすでに作成されているものを入手します。

次に専用のスライスソフトを使って、用意した3Dモデルデータを複数の層に分割して各層の造形情報を作成する、スライスデータ化を行います。そして、作成したスライスデータを3Dプリンタに入力して3Dプリントを行うという流れです。

3Dプリンタでは、先にベースプレート上にラフトが造形され、その上に造形物が造形されます。ラフトとは、造形物がベースプレートから脱落しないように安定させるためのベースとなる部分です。また、造形物の周りには、造形物本体や造形物のオーバーハング部分を支えるサポートが一緒に造形されます（**図9-3**）。

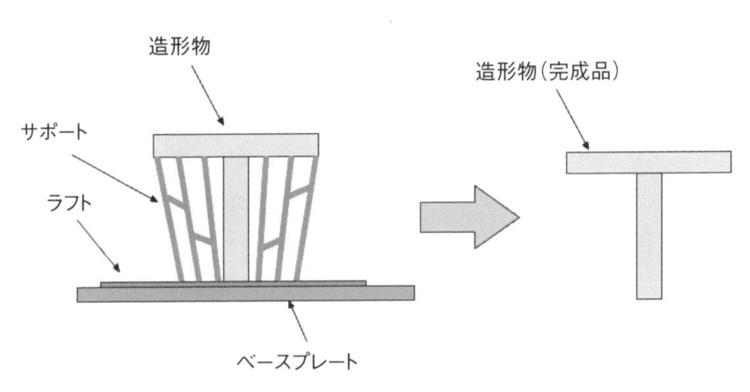

図9-3 材料押し出し品の出力完了状態

造形完了後は、ベースプレートから造形物をラフトごと取り外します。その後、形物からラフトやサポートを取り外し、積層痕をならす後処理を行います。これが3D造形物を得るまでの一連の作業となります。

φ(@°▽°@) メモメモ

サポートの重要性

造形物のオーバーハング部分を支えるサポートがないと、できあがった造形物はどうなるのか考えてみましょう。

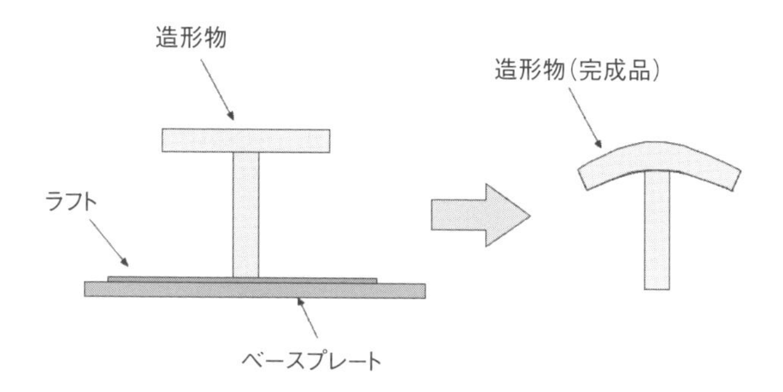

造形物のオーバーハング部分を支えるものがないので、垂れ下がった状態で造形されます。

または、オーバーハング部分が徐々に垂れ下がることで、積層部位と造形ヘッドとの距離が開いてしまい、造形ヘッドのノズルから吐出した樹脂が積層部位に届かず、下の写真のように造形そのものが失敗してしまいます。

3. 材料押し出し法における造形物の品質

材料押し出し法における積層状態の概要を示します（図9-4）。

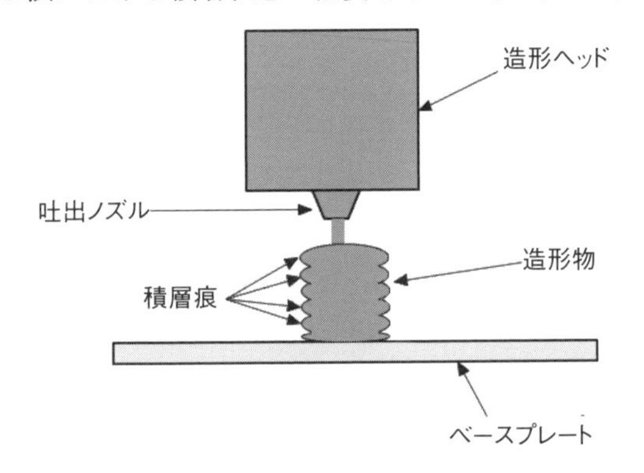

図9-4 材料押出法における積層状態の概要図

材料押し出し法の特徴として、ノズルから吐出した材料は高さ方向に潰れた楕円形状で積層されていくので、造形物の高さ方向には連続した凹凸が形成されます。この連続した凹凸が、「積層痕（せきそうこん）」と呼ばれるものです。

積層痕の間隔はおおよそ0.1mm～0.3mm（髪の毛1～3本）程度になりますから、積層痕は目視可能なサイズで目立つのです。なお、積層痕の間隔（ピッチ）は、吐出ノズルの口径（0.3mm～0.2mm）や樹脂を塗布する際の圧力等により決まります。

材料押し出し法で作成した造形物の写真とその表面の拡大写真を示します（**図9-5**）。

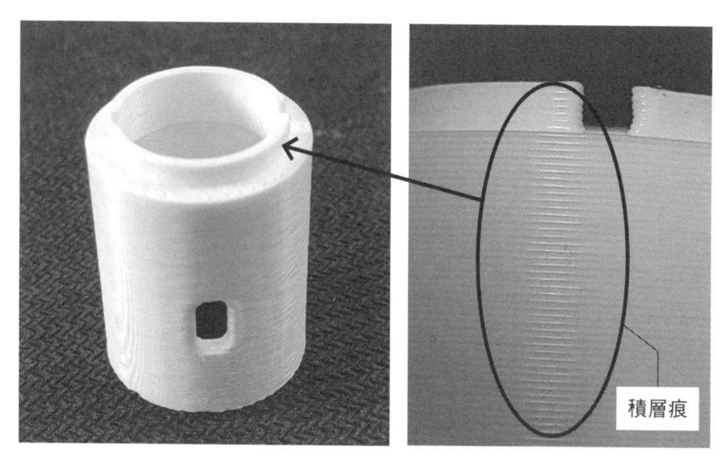

図9-5 材料押し出し法の造形物

造形物の表面に積層痕が目視できます（右：拡大図）。このために、どうしても造形物の見栄えが落ちます。そのため、積層痕を削って滑らかにする後処理が必要になります。

主な後処理は、金属ヤスリや紙やすりなどを使って凹凸をならしていく方法です。しかし、造形物の樹脂材料には、材料が硬すぎて積層痕を削り落とすのに時間がかかるものもあります。削る以外には、アセトン蒸気中に造形物を入れることで表面をわずかに溶かして、積層痕をなだらかにする方法があります。

4. 材料押し出し法の樹脂材料

材料押し出し法の3Dプリンタの一例を示します（図9-6）。

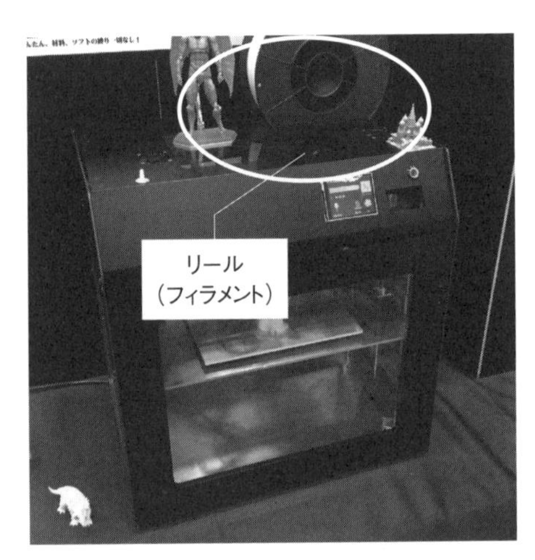

図9-6 材料押し出し法の3Dプリンタ

装置の上部には、樹脂を線状にしたフィラメントを巻いてあるリールがセットされています。フィラメントには直径1.75mmのものと、直径2.85mmのものがあります。最近では直径1.75mmのものが主流になっています。

樹脂材料には、熱可塑性樹脂と熱硬化性樹脂とがありますが、材料押し出し法に使用される樹脂材料は熱可塑性樹脂です。

熱可塑性樹脂は、加熱によって軟らかくなり、冷えると固まり、再度加熱するとまた軟らかくなる性質があります。熱硬化性樹脂は、加熱によって硬くなり、再度加熱しても軟らかくならない性質の樹脂です。

熱可塑性樹脂のうち、材料押し出し法では一般的にABSとPLAが使用されています。

PLAとは「ポリ乳酸」のことで、デンプンなどの植物由来のプラスチック素材です。PLAは、石油由来の素材と異なり、生成中の二酸化炭素の排出量が少ないことや、土に埋めて分解することから環境にやさしい材料として注目されています。また、材料押出法では複合材料やナイロンなどの他の樹脂材料も使用が可能です。

最近は、造形ヘッドが2つ設けられている機種や、造形ヘッドに吐出ノズルを2つ設けている機種が出てきています。これは、溶融したABSやPLAに炭素繊維等を混ぜ込んで、機能性を高めた材料とするためです。炭素繊維を混ぜ込んだABSは強度が非常に向上しており、ほぼ金属並みの強度を得ることができるため、製造業での治具等にも使用されています。

また、2つの造形ヘッドがある機種の中には、1つめの造形ヘッドと2つめの造形ヘッドとで、異なる材料を供給させる使い方ができる場合があります。例えば、1つ目の造形ヘッドには造形物用の樹脂材料を供給し、2つめの造形ヘッドにはサポート用の樹脂材料を供給するといった使い方です。さらにサポートに水溶性の特殊な樹脂材料を採用することで、造形完了後は造形物を水に漬けるだけでサポート材が溶けてなくなり、造形物の完成品を容易に取り出すことができるので、とても好都合です。

5. 材料押し出し法における金属材料の採用

これまで金属材料を使って3D造形できるのは、この章の冒頭で紹介した7つの造形法のうち、粉末床溶融結合法、結合剤噴射法、指向性エネルギー堆積法などの限られた方法だけでした。しかもこれらの多くが高額な設備で、さらに防爆設備等を揃える必要もあり、初期導入コストが非常に高く、遠い存在でした。

しかし、最近では材料押し出し法の材料に金属フィラメントが登場しています。（材質にはステンレス材の316Lが用いられています。）

この金属フィラメントを使用した材料押し出し法により、金属3D造形の初期費用を抑えることができるので、産業界においてAM技術が一層活用されると期待が持てます。

金属フィラメントを使用する場合の、材料押し出し法の3Dプリントの流れを示します（**図9-7**）。

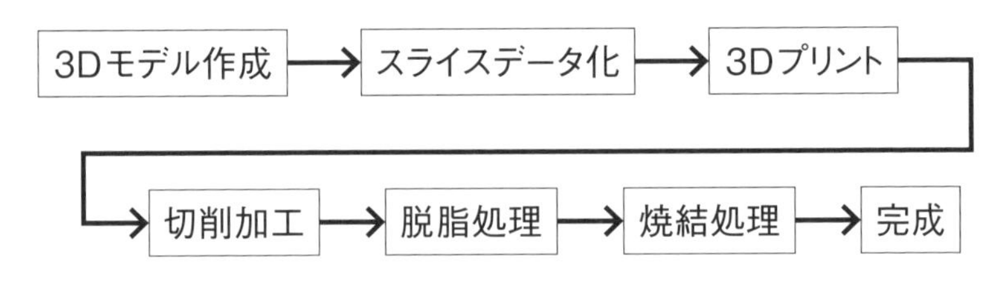

図9-7 金属フィラメントを使用する場合の3Dプリントの流れ

・金属フィラメント採用の課題

金属フィラメントを使用する場合、ラフトやサポートも金属で作られるので、造形後の除去には切削加工が必要となります。また、金属フィラメントを使用した造形品は、脱脂処理を経て最後に焼結処理を行います。この焼結処理が悩みどころで、これによって造形物のサイズが、10％から20％程度も縮小するのです。そのため、焼結処理前後での寸法精度の管理が非常に困難になります。

金属フィラメントを使用した材料押し出し法の3Dプリンタの普及に向けて、脱脂処理や焼結処理をどのように行うか、加えて焼結処理時の縮小を見込んだ寸法精度の管理が今後の課題となりますね。

設計目線で見る「思い立ったら作ってみる！材料押し出し法が設計者を育てる件」

駆動機構を設計する際、従来は加工業者に依頼して試作部品を作り、試作品を組立てて動作確認をしています。そのため、部品を注文してから動作を確認するまで1週間から数週間の時間がかかるとともに、加工業者への支払い等も多く発生していました。しかし、材料押し出し法を用いた場合、3Dデータをスライスデータ化して3Dプリンタにデータを送ることで、試作品をそっくり社内で作ることが可能になります。

材料押し出し法を使った設計工程での時間短縮例を示します（**図9-8**）。

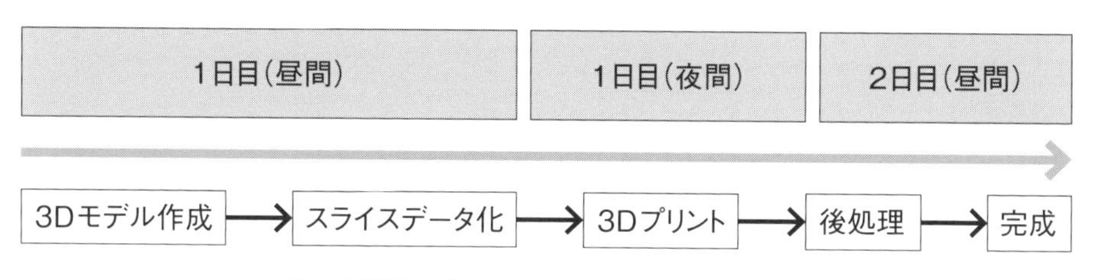

図9-8 材料押出法を使った設計工程の時間短縮例

例えば、昼間のうちに3Dモデル作成とスライスデータ化をしておき、夕方に3Dプリンタをセットして帰れば、翌朝には試作品が完成しているので、すぐに組み立てて動作を確認できます。また、樹脂材料で試作品を作るので、材料費も安くできます。

設計工程で3Dプリント技術を上手に使うことで、短期間で設計の完成度を高めることができます。特に経験の浅い設計者は、3Dプリンタで試作品を作って検証しながら、自分の設計の不具合点や修正点に容易に気づくことができます。また、自分で設計した造形物やアイデアを上司や先輩技術者に見てもらうことで、設計の妥当性の指摘やアドバイスをもらうこともできます。これにより、経験の浅い若手設計者でも短期間で設計経験を積むことができます。

また、設計部署に設計者が自由に使える材料押し出し法の3Dプリンタを配置すれば、若手設計者とベテラン設計者との間で、出力したアイデア品を手に取って意見交換するためのツールとしても活用できます。

第9章	2	設計目線で見る 液槽光重合法

液槽光重合法（光造形）法とは

液槽光重合法とは、タンク内に満たされた光（紫外線）硬化性樹脂に光を照射し、樹脂を硬化させ、この硬化させた樹脂を積層することで所望の形状を作り上げていくAM技術の1つである。

液槽光重合法は、AM技術の中でも歴史が古い造形技術です。

1980年に、名古屋市工業研究所の小玉秀男氏が、フォトレジスト（感光性樹脂）を用いた造形方法を考案しました。しかし、小玉氏の考案は周りの理解を得られず、特許化を断念しました。

その後、1986年にアメリカのチャック・ハル氏が、米国で特許権「光造形法による3Dオブジェクト製造装置」を取得しています。そして、最初の光造形機「SLA-1」を販売しています。光造形のことをSLAと呼ぶことがありますが、これはStereolithographyを略したものです。

液槽光重合方式の3Dプリンタ

チャック氏の特許権は2006年に存続期間が満了して消滅しました。これ以後、多くの企業が液槽光重合法の3Dプリンタに参入し、現在では数万円程度から購入することができるようになったのです。

それでは、液槽光重合法の基礎知識を確認していきましょう。

1. 液槽光重合法の原理と基礎
2. 造形方法の選択の目安
3. 液槽光重合法の活用について

1. 液槽光重合法の原理と基礎

1) 自由液面法と規制液面法
2) 光の照射方法の違い
3) 一括露光方式について

1) 自由液面法と規制液面法

液槽光重合法には、造形を液面近くで行う自由液面法と、造形を液中で行う規制液面法とがあります。

① 自由液面法

レジンの液面に光を照射して造形する方法を自由液面法と呼びます(**図9-9**)。

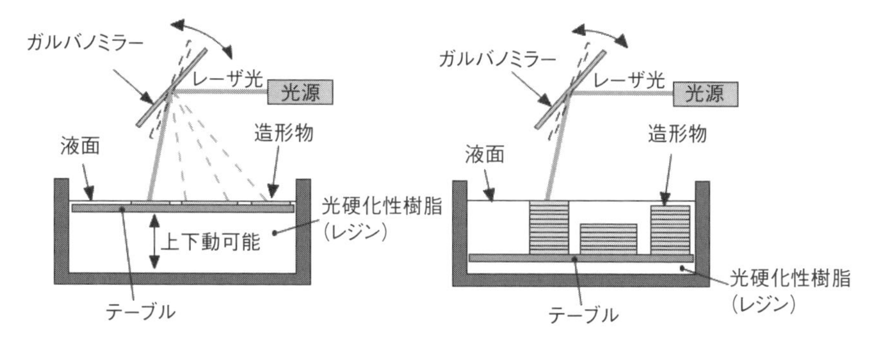

図9-9 自由液面法の概要

自由液面法での造形の仕組みを説明します。

液体の光硬化性樹脂(レジン)を満たしたタンク内に上下動可能なテーブルが配置されています。このテーブルを、液面から造形物の積層1層分だけ下げます。その状態で、光源から液面の任意の位置にレーザ光を照射すると、レーザ光が照射された箇所が光重合反応で硬化します。

硬化したらテーブルを造形物の積層1層分だけ下げます。すると、硬化したレジンの上に液体のレジンが流れ込みます。液面が落ち着いたら、再度液面の任意の位置にレーザ光を照射し、液体のレジンを硬化させます。この一連の動作を繰り返すことで、液体のレジンを硬化させて積層した造形物が作成されます。

自由液面法のメリットは、造形物を下からテーブルで支持するので、重量がある造形物を作成することができることです。そのため、主に高額な産業用3Dプリンタに採用されています。

デメリットは、テーブルを1層分下げた際に粘性の高いレジンが流れ込んでから液面が落ち着くまでに時間がかかり、その間はレーザ光を照射できないため、造形と造形との間のインターバルが長くなり、造形物の出力時間が長くなることです。

② 規制液面法

レジンのタンクの底部側から光を照射して造形する方法を、規制液面法と呼びます（**図9-10**）。

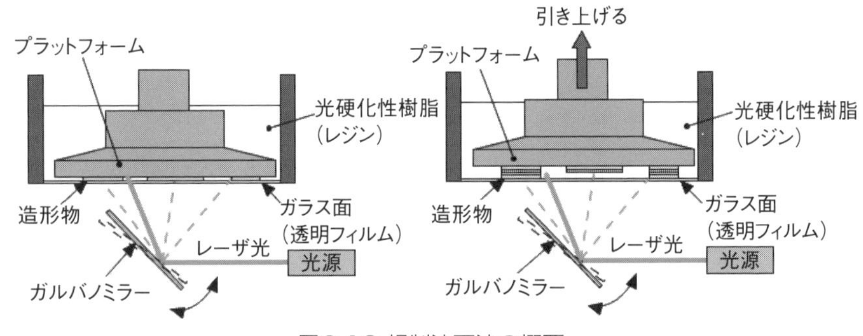

図9-10 規制液面法の概要

規制液面法での造形の仕組みを説明します。

液体のレジンを満たすタンクの底面に、透明なガラスあるいはフィルム（以下、フィルム）が張られています。そして、タンクに対して上下動可能なプラットフォームがあります。

まず、プラットフォームをタンク底面のフィルムより造形物の1層分だけ高い位置に配置します。その後、タンク底面のフィルムとプラットフォーム底面との間にあるレジンに向けてレーザ光を照射して、レジンを硬化させます。

硬化したレジンは、フィルムとプラットフォーム底面の間で双方に貼り付いた状態になっています。そこでプラットフォームをいったん持ち上げます。すると、硬化したレジンがフィルムから引きはがされ、プラットフォーム底面に貼り付いた状態になります。

その後、プラットフォーム底面に貼り付いたレジンとフィルムとの間に、造形物の1層分の隙間ができる位置までプラットフォームを下げます。この状態で、フィルムとプラットフォーム底面の造形物との間のレジンにレーザ光を照射してレジンを硬化させます。これを繰り返すことにより、プラットフォーム底面から下方に向かって造形物を積層していくのです。

規制液面法の3Dプリンタにおける造形完了状態を示します（**図9-11**）。

造形が完了するとプラットフォームが引き上げられて、タンクの液面の上方に造形物が現れます。この状態でプラットフォームごと造形物を取り外して、そのまま洗浄します。

洗浄後にプラットフォームから造形物を取り外して、均一にUV光を照射して完全に硬化させる二次硬化を行います。最後にサポート等を造形物から取り外して完成です。

図9-11 規制液面法の3D プリンタにおける造形完了状態

規制液面法では、プラットフォームに吊り下げる形で造形していくことになるので、大きな造形物だと、造形物の自重によりプラットフォームから脱落して造形が失敗することがあります（**図9-12**）。

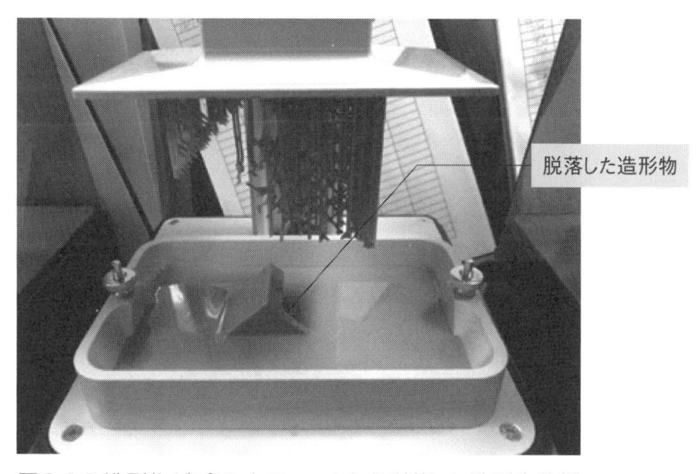

図9-12 造形物がプラットフォームから脱落した造形失敗例

このため、規制液面法は重量のある造形物や大きな造形物には不向きなのですが、構造が簡単なため低価格の3Dプリンタに採用されています。

2）光の照射方法の違い

液槽光重合法は、光の照射方法により以下の3つに分類することができます。

① SLA（Stereolithography）法
② DLP（Digital Light Processing）法
③ LCD（Liquid Crystal Display）法

① SLA（Stereolithography）法

光源から放たれたレーザ光を「ガルバノミラー」で反射して、タンク底面の任意の位置に照射して、液体のレジンを硬化させて造形するのがSLA法です（**図9-13**）。

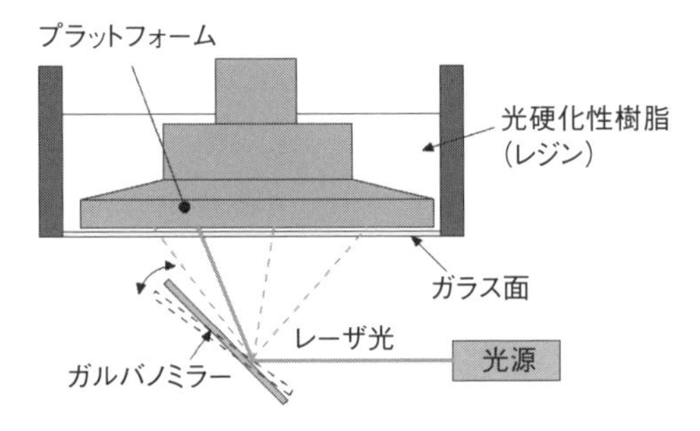

図9-13 SLA法の概要

レーザ光のビーム径は数μmと非常に小さいので、造形精度の高い造形物を作成できます。

SLA方式におけるプラットフォーム底面に照射されるレーザビームの軌跡の概要を示します（**図9-14**）。

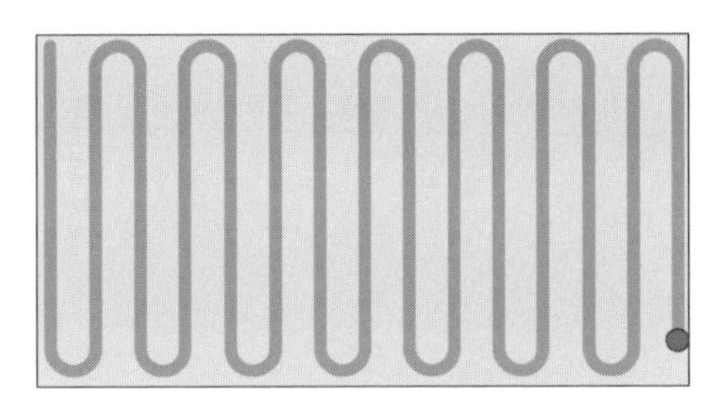

図9-14 SLA法における光の照射パターン

SLA法ではガルバノミラーで反射したレーザ光をプラットフォームの底面に一筆書きのように走査させるため、1層分すべての走査が終わるまで時間がかかります。そのため、SLA法では後述するDLP法やLCD法に比べて造形スピードが遅くなります。

② DLP（Digital Light Processing）法

DLP法は、プロジェクタからの光をタンク底面に張られた透明フィルムに投影することで、プラットフォームと透明フィルムとの間の液体レジンを硬化させて造形する方法です（**図9-15**）。

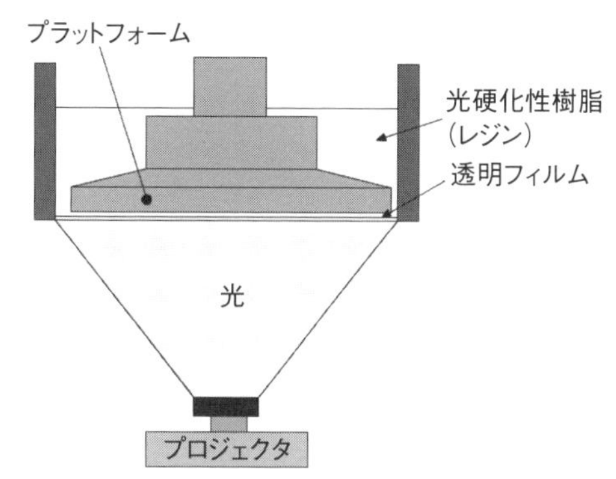

図9-15 DLP法の概要

DLP法では、プロジェクタの焦点を調整することで、レジンが貯められたタンクの底部（透明フィルム）に投影する光の投影面積を変化させることができます。

DLP法における光の投影面積の違いを示します（**図9-16**）。

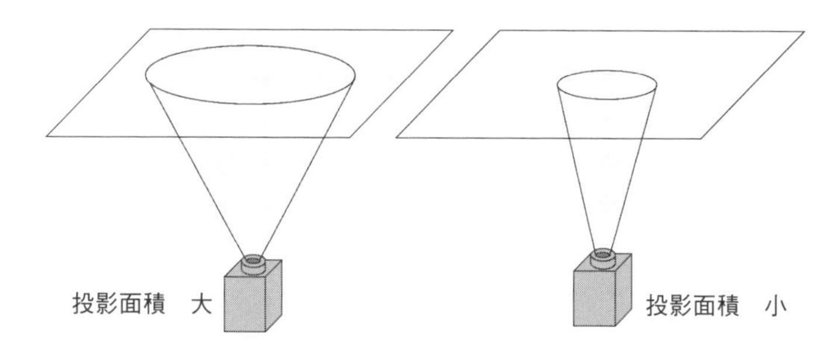

図9-16 DLP法における投影面積の違い

一方で、プロジェクタ自体の画素数は固定なので、投影面積が大きくなれば解像度が粗くなり、投影面積が小さくなれば解像度が細かくなります。したがって、大きな造形物を作ろうとすると造形精度が甘くなり、小さな造形物を作ろうとすると造形精度が高くなるわけです。

光重合反応は光のエネルギーの強度に比例することから、焦点を絞ることで面積あたりの光のエネルギーが大きくなって光重合反応が早くなり、造形スピードがアップします。つまり、大きな造形物は投影面積が大きく、エネルギー密度が低くなるので造形速度が低くなり、小さな造形物は投影面積が小さくなりエネルギー密度が高くなるので、造形速度が速くなるのです。

③ LCD（Liquid Crystal Display）法

LCD法は、タンク底面に透明フィルムを配置し、その下方に液晶パネル（LCD）を配置しています。光源には安価なLEDを使用することが多く、LEDからの光を液晶パネルで選択的に透過することで液体レジンを硬化させて、プラットフォーム底面に造形物を造形する方法です（**図9-17**）。

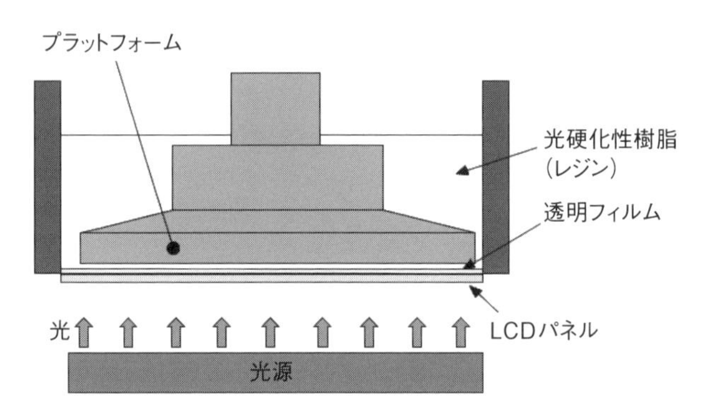

図9-17 LCD法の概要

LCD法の光の照射の概要を示します（**図9-18**）。

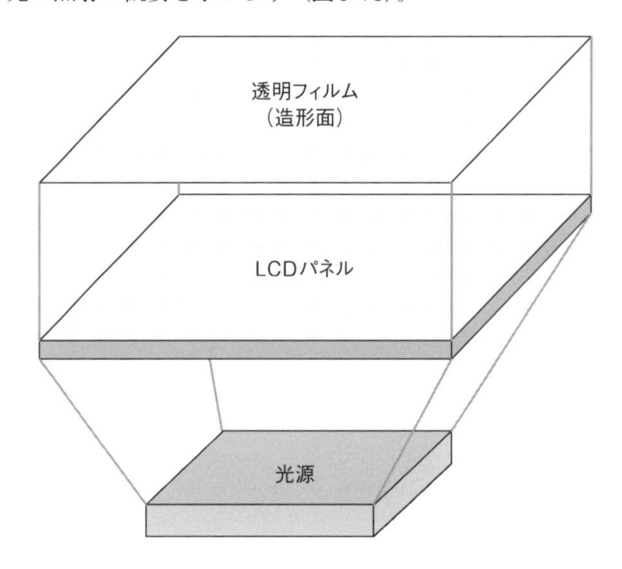

図9-18 LCD法の光の照射の概要

LCD法における光の投影面積は、液晶パネルの大きさに依存します。つまり、DLP法のように光の投影面積を変えることはできません。また、1層ごとに造形領域全体に光が投影されるので、造形物が大きくても小さくても造形速度は変わりません。造形精度は、液晶パネルの大きさと解像度によって決まります。

LCD法のユニークな特徴としては、携帯電話やタブレットで使用されている液晶パネルを流用することでコストを抑えることができるので、数万円代の光造形方式の3Dプリンタを実現していることです。さらに最近のLCD法の3Dプリンタでは、液晶パネルにモノクロ液晶パネルを使用するものが登場してきました。モノクロ液晶パネルは、カラー液晶パネルと違って光の強度を低下させるカラーフィルタを設けていないので、光の減衰が発生しません。これにより、モノクロ液晶パネルはカラー液晶パネルに比べて光のエネルギーを高めることができ、造形速度を速めることができるのです。

3）一括露光方式について

一括露光方式の光の照射パターンの模式図を示します（**図9-19**）。

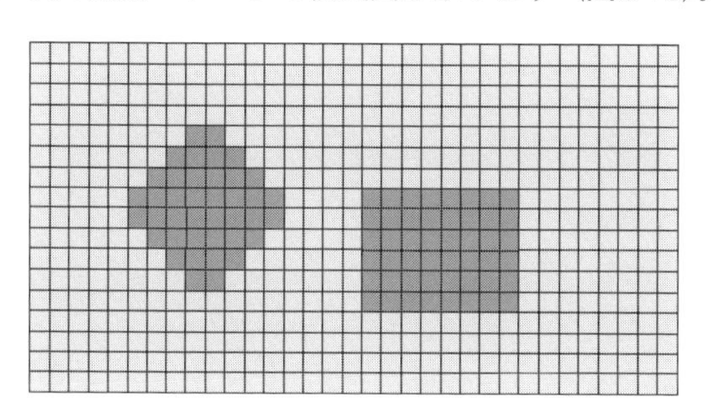

図9-19 一括露光方式の光の照射パターンの模式図

DLP法とLCD法は、図9-19に示すように造形領域をマス目状に区切り、その1つひとつに光を選択的に投影することで、このマス目に対応する領域の液体レジンを硬化させて造形します。このマス目1つひとつをボクセルと言います。縦のボクセルの数×横のボクセルの数を解像度と言います。ボクセルのサイズが小さければ小さいほど、高精度な造形が可能となります。

設計目線で見る「解像度の違いが造形精度にどう影響するのか知りたい件」

液晶パネルの画面をよく見ると、小さな四角（画素といいます）が並んでいますよね。この画素を縦と横に並べた列を走査線と言い、画面の縦横の細かさを示す目安になっています。この縦横の画素数を解像度と言います。

身近なものでは、HD（高精細度ビデオ、ハイビジョンとも呼ばれる）のディスプレイは、1280画素（横方向）×720画素（縦方向）で構成されており、全体で92万1600画素です。フルHD（フルハイビジョン）のディスプレイは、1920画素×1080画素で構成されており、全体で207万3600画素です。横方向の1920画素がほぼ2000であることから2Kと呼ばれています。したがって、4Kのディスプレイは3840画素×2160画素で構成され、全体で829万4400画素ということです。

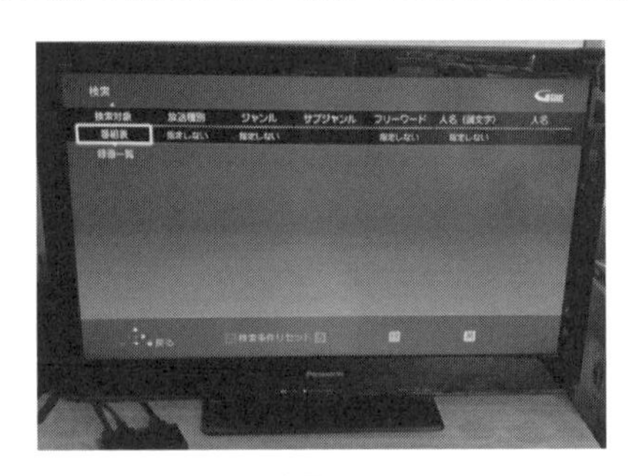

液晶TV

では、大きさの異なる造形領域に同じ画素数で光を投影した場合、造形精度はどうなるのでしょうか。

造形領域と画素数の関係を示します（**図9-20**）。

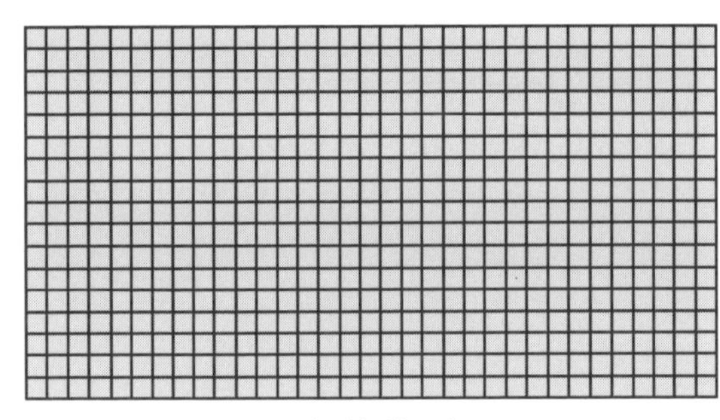

造形領域　大

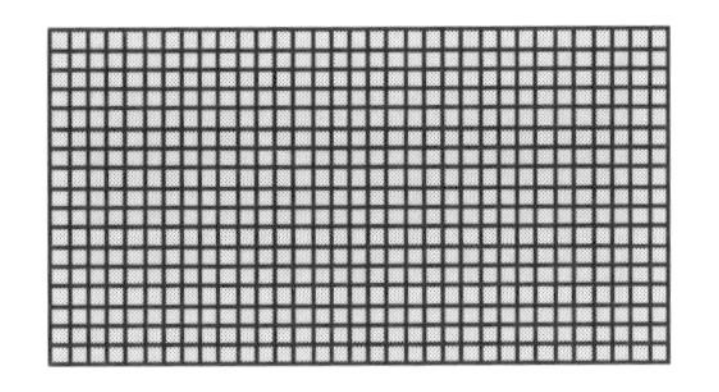

造形領域　小

図9-20 造形領域と画素数の関係図

同じ画素数でも造形領域が大きいと、1画素（ボクセル）あたりの大きさが大きくなります。これに対して、造形領域が小さいと1画素あたりの大きさが小さくなります。つまり、同じ画素数であっても造形領域の大きさが異なると、ボクセルの大きさが異なることになります。

液槽光重合法でどのくらい精細な造形物ができるかは、ボクセルの大きさと造形領域のサイズが鍵を握っているということになります。中でも、DLP法またはLCD法を導入する際には、造形領域の大きさと解像度から、造形可能な1画素の大きさを確認しておくことが必要ですね。

造形領域のサイズの一例を示します（**図9-21**）。

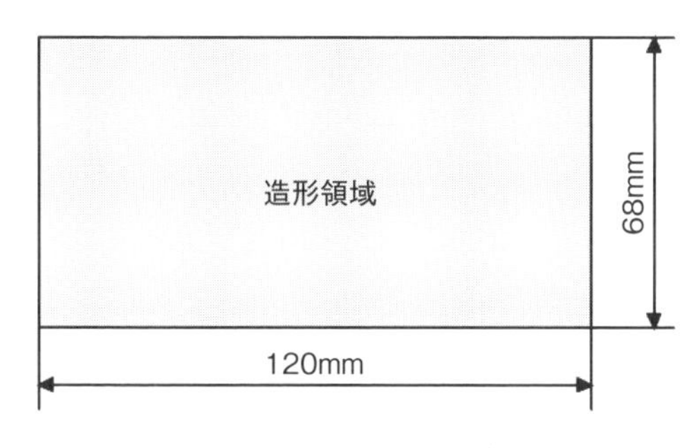

図9-21 造形領域のサイズの一例

例えばLCD方式の場合、120mm×68mmの造形領域（図9-17参照）において、1画素あたりの大きさを計算してみます。

1920画素×1080画素のHD液晶パネルを使用する場合

120mm/1920画素＝0.0625≒0.063mm

68mm/1080画素＝0.063mm

となります。したがって、1つの画素の大きさが63 μmとなります。

ちなみに同じ造形領域でも、4K（3840画素×2160画素）の液晶パネルを使用した場合はどうでしょうか？

120mm/3840画素＝0.031mm

68mm/2160画素＝0.031mm

1つの画素の大きさが31 μmになります。

このように、同じ造形領域なら、画素数が増えればそれだけ画素の大きさ（ボクセル）の大きさが小さくなり、高精度な造形が可能になります。

設計目線で見る「照射方式別の導入コストの違いが知りたい件」

SLA方式、DLP方式、LCD方式の造形精度とコストの関係を模式的に表します(図9-22)。

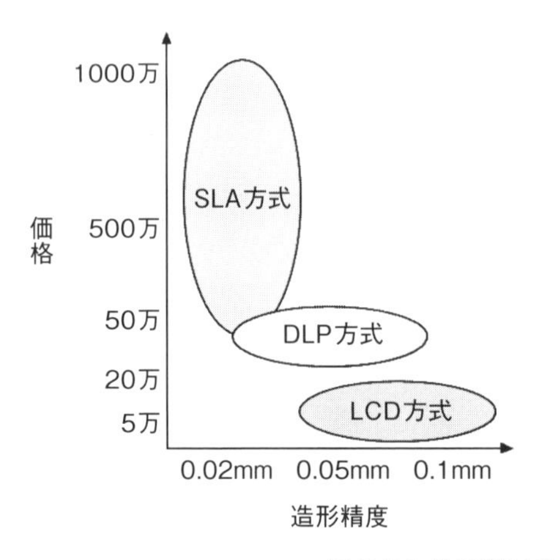

SLA方式は産業用の3Dプリンタに多く採用されており、造形精度も高いですが　価格も高止まりしています。一方で昨今、シェアを増やしているのがLCD方式です。

低価格化だけでなく、高精度な8KLCDパネルを採用することで造形精度の向上を図っています。残念ながらDLP方式は価格・造形精度面でLCD方式に太刀打ちできなくなってきています。

図9-22 造形精度と方式別コストの関係

現実的には、設備投資をして大きな造形物を作る企業はSLA方式を選択することが多く、一方で個人は低価格なLCD方式を選択することが多いです。導入時の参考にしてみてください。

φ(@°▽°@) メモメモ

LCDパネル解像度	XY造形精度	販売開始時期
HD	63μm	2018-2019
2K	47μm	2019-2020
4K	35μm	2021-2022
8K	22μm	2022-2023

LCD方式の3Dプリンタは毎年新製品が発売されて、
パネル解像度と造形精度が年々向上しているんだ。
そのスピードは早くて1年前の機械でも時代遅れに
なるほど。でも8Kパネル搭載機が普及した後は12K
パネルが安価になるまでしばらくは頭打ちになるかな

設計目線で見る「造形物の後処理（二次硬化）を侮ってはいけない件」

液槽光重合法での3Dプリントの流れを模式的に表します（**図9-23**）。

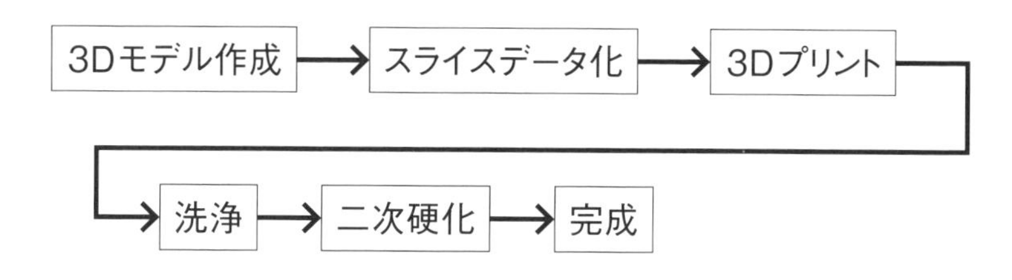

図9-23 液槽光重合法における3Dプリントの流れ

液槽光重合法では、3Dプリント後に、洗浄と二次硬化という後処理が必要になります。洗浄は通常のUVレジンではアルコール等で洗浄を行います。これは造形直後の造形物の表面には未硬化のレジンが付着しているからです。最近では、水洗いレジンというアルコールではなく、水で洗浄できるレジンも登場しています。

レジンは素手で触れちゃだめだよ！
必ずゴム手袋等を手に嵌めて扱うんだ。
素手で触っているとレジンアレルギーを
引き起こす危険があるんだ！
もし、触ってしまったら、
すぐに水で洗い流すんだ。

造形直後、造形物のレジンは完全に硬化していないので、紫外線が当たるとその部分の硬化が進みます。そのまま放置しておくと、やがて紫外線が当たる箇所と当たらない箇所とで硬化の進み具合に差が生じ、ひびやクラックの原因となります。それを防ぐために、造形後の造形物に均一に紫外線に当てて硬化させておくと、時間とともに紫外線を吸収して硬化する経年変化を抑えることができます。この後処理を二次硬化と言います。

ところで、二次硬化に使用する紫外線とはどういったものでしょうか。紫外線で調べると、UV-A、UV-B、UV-Cといった用語が出てきます。

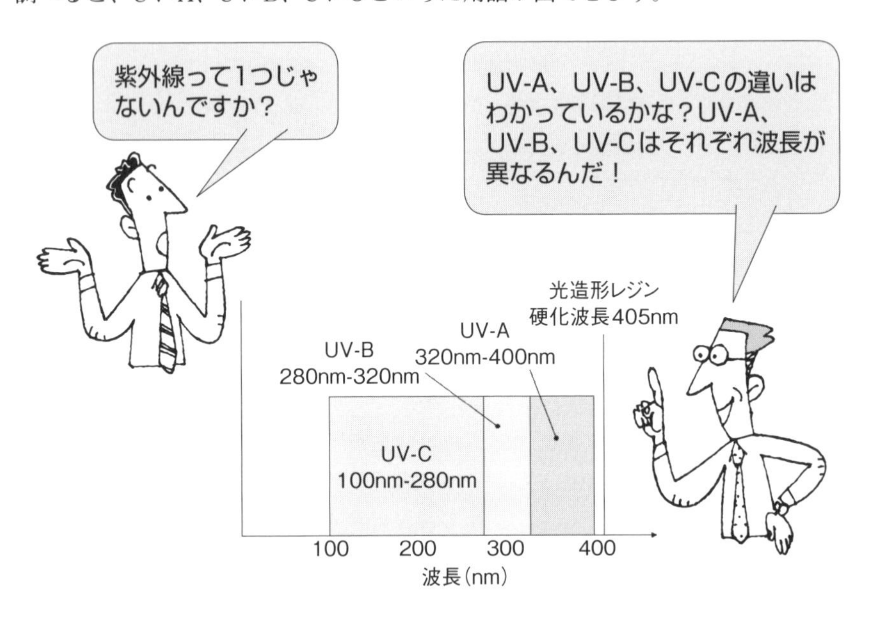

図9-24 UV-A,B,Cの波長と光造形用レジンの硬化波長との違い

図9-24にUV-A、UV-B、UV-Cの各波長と光造形レジンの硬化波長を示します。

液槽光重合法で使用するレジンのほとんどの硬化波長は405nmです。では、造形物の二次硬化にはUV-A、UV-B、UV-Cどの波長の紫外線を使えばよいのでしょうか？

UV-Aと言いたいところですが、波長の近いUV-Aでもわずかに波長域がずれているために完全に硬化できません。このため、波長405nmに対応した紫外線ライトが必要になります。二次硬化用の紫外線ランプを購入する際には、波長405nmに対応していることを確認してから購入しましょう。また例外として、硬化波長が365nmや385nmに設定されているレジンもあります。その場合にはUV-Aでも二次硬化が可能です。

なお、ジェルネイルやアクセサリー制作に使うUVクラフトレジンは、硬化の波長域が350nm～410nmに設定されており、一般的に硬化波長が350nm～400nmのものが多いので、UV-Aでも硬化が可能になっています。

このように、二次硬化に必要な設備は造形に使用するレジンの硬化波長により異なります。この点は、AM技術を使いこなす上で知っておくべきポイントになります。

φ(@°▽°@) メモメモ

寒い時期の液槽光重合法は注意が必要！！

液槽光重合法で造形物の出力を成功させるには、いくつかのパラメータに注意する必要があります。その中で比較的重要なのが、レジンの利用適正温度になります。

レジンは、光重合反応を起こして硬化しますが、これには反応しやすい温度領域があります。具体的には25℃〜50℃くらいに設定されています。しかし、真冬の暖房されていない部屋は、室温で10℃〜15℃くらいですからレジンも冷え切っています。冷え切ったレジンでは光重合反応が起きにくく、硬化不良が発生しやすくなります。

寒い時期の液槽光重合法では、3Dプリンタが置かれている部屋を25℃程度に暖房する、あらかじめレジンの入ったボトルをぬるま湯で湯煎してレジンを温めてあげる…といった工夫が必要です。DIYが得意な人の中にはレジンタンクを加熱するヒータを自作する人もいます。

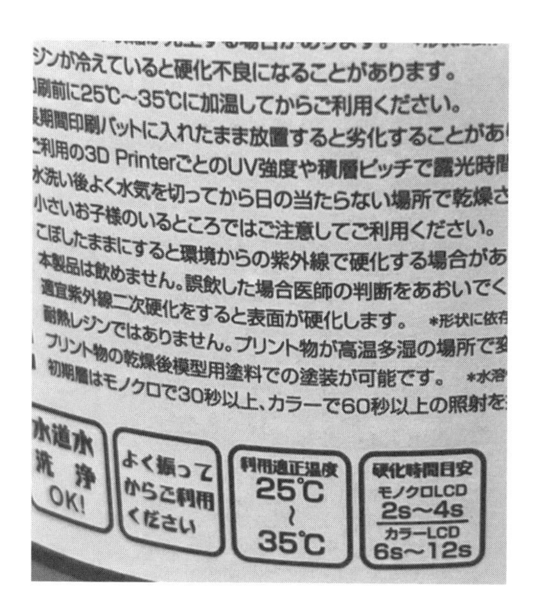

2. 造形方法の選択の目安

材料押し出し法の造形物と、液槽光重合法の造形物との比較写真を示します（**図9-25**）。

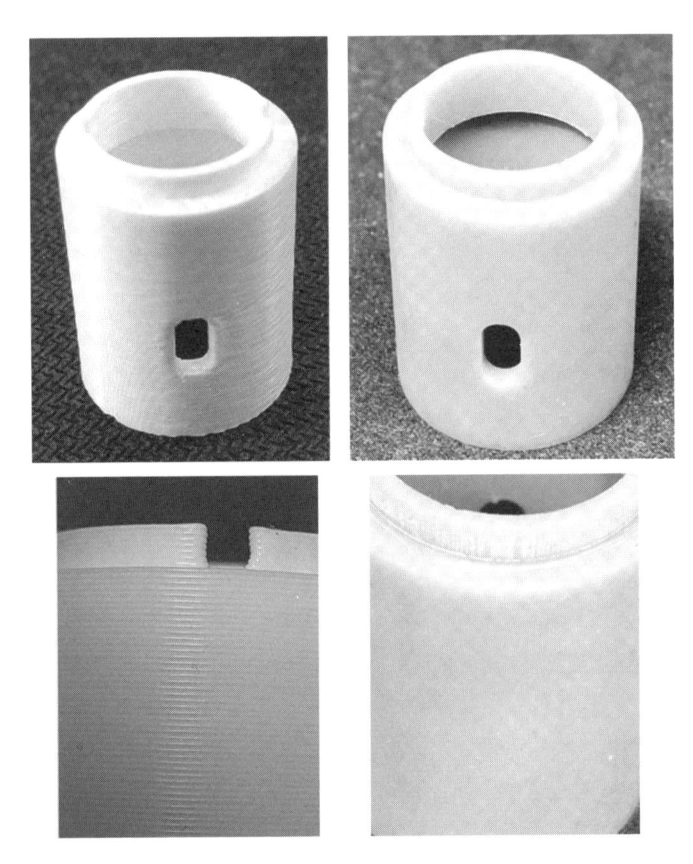

図9-25 材料押し出し法の造形物（左）と液槽光重合法の造形物（右）との比較

材料押し出し法の造形物（図左）は、造形物の表面に高さ方向に沿って凹凸状の積層痕（図左下　拡大部参照）がはっきりと見えています。一方で液槽光重合法の造形物（図右）は、積層痕（図右下　拡大部）がほとんど見えませんね。この違いは何にあるのでしょうか。

両者の違いは、積層ピッチの違いにあります。積層ピッチとは、積層1層当たりの厚さです。

材料押し出し法の積層ピッチは約0.1mm～0.3mmです。これに対して液槽光重合法の積層ピッチは0.01mm～0.05mmですから、材料押し出し法に対して1/5～1/10の厚さで積層しています。このため1層の厚さが非常に薄いので、材料押出法に比べて積層痕が見えにくくなっています。

ちなみに、積層方向をZ方向とした時の各層のX-Y方向における精度は、材料押し出し法及び液槽光重合法ともに、約0.01～0.07mm程度です。

では、材料押し出し法と液槽光重合法はどう使い分ければよいのでしょうか。

材料押し出し法と光造形法の利用例を示します（**図9-26**）。

材料押出法の利用例

光造形法の利用例

図9-26 材料押出法と光造形の利用例

材料押し出し法は、積層痕さえ気にしなければ、300mmを超えるような大きなサイズや複合材料や金属フィラメントを使用した造形物を作成することができるので、生産ライン内の治具や機械部品の試作、駆動機構の動作検討に用いることもできます。また、造形物の材料に対候性がある樹脂材料を選ぶことで、屋外に展示するようなものも造形が可能です。

一方で、液槽光重合法は出力される造形物の精度が高く表面も滑らかなので、質感や形状把握を重視する商品の試作品、例えば射出成形品の試作や人形（フィギュア)、模型に向いています。

3. 液槽光重合法の活用について

1) 樹脂型による射出成形
2) ロストワックス鋳造法への液槽光重合法の適用について

1）樹脂型による射出成形

① 樹脂型の作り方
② 樹脂流動解析の活用

① 樹脂型の作り方

液槽光重合法の活用法の一つに、樹脂型を作成して射出成形を行うことがあります。

樹脂型作成の流れを示します（**図9-27**）。

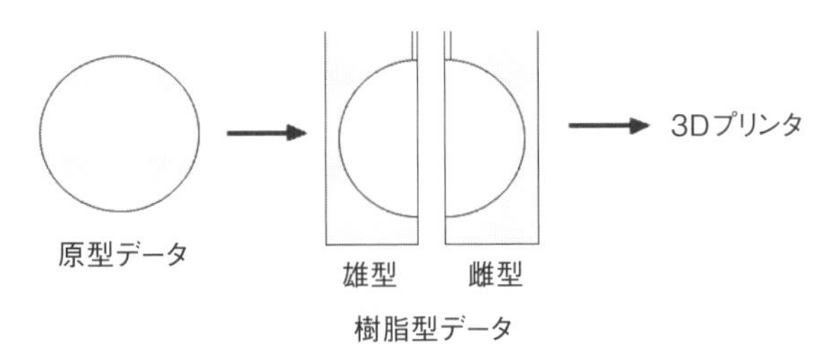

図9-27 樹脂型作成の流れ

原型データを3DCAD等で作成した後、その形状を反転させた樹脂型データを作成します。そして、作成した樹脂型データを3Dプリンタに入力して樹脂型を造形します。

樹脂型のサンプル例を示します（**図9-28**）。

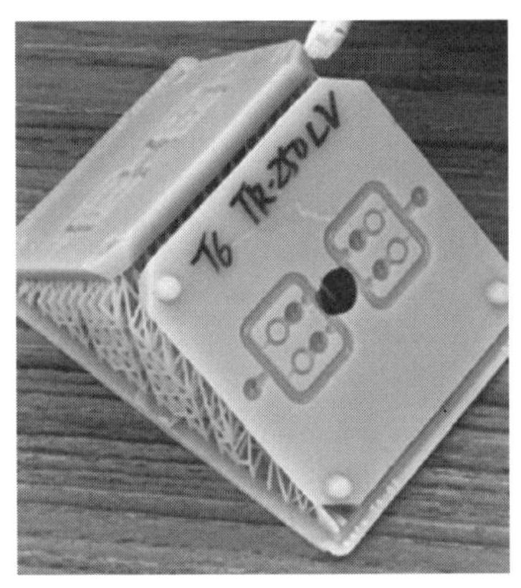

樹脂型のデータの作成は難しくなく、例えば、直方体から原型データの半分を“3DCADの”差分コマンドで差し引くだけで、直方体に原型データを反転させた形状（雄型、雌型）の3Dデータを作成できます。ここに樹脂を流して成形することが目的ですから、溶融した樹脂を供給するための経路（スプルー）の作成も忘れずに行います。

図9-28 樹脂型のサンプル

② 樹脂流動解析の活用

樹脂流動解析CAEを使って、樹脂の流れをシミュレーションして問題点をつぶしておくことで、流れ不良等による成形不良を減らすことができ、トライアンドエラーの回数を減らすことができます。

射出成形品の試作では、数百万円程度の仮型を作って試作することが多いのですが、液槽光重合法で試作を行い、仮型を作成することなく本型をいきなり作成する事例もあります。このように、液槽光重合法とCAEを併用することで、金型費用の大幅ダウンを図ることができます。

図9-29 樹脂型による射出成形品の例

図9-29のように、金型を作らなくても
樹脂型だけでも樹脂製品を射出成形できるんだ。
ただ、射出成形の度に加熱と冷却による膨張と
収縮を繰り返すので樹脂型の寿命は
100～200ショットが限界なんだ！
でも、樹脂型を利用すると、
ごく少数の製品を安価に作ることができるんだ

2）ロストワックス鋳造法への液槽光重合法の適用について

① 概要

第8章において説明したロストワックス鋳造法に、液槽光重合法を適用する事例が増えてきています。これについて、本章でも触れておきます。

ロストワックス鋳造法への液槽光重合法の適用の例を示します（図9-30）。

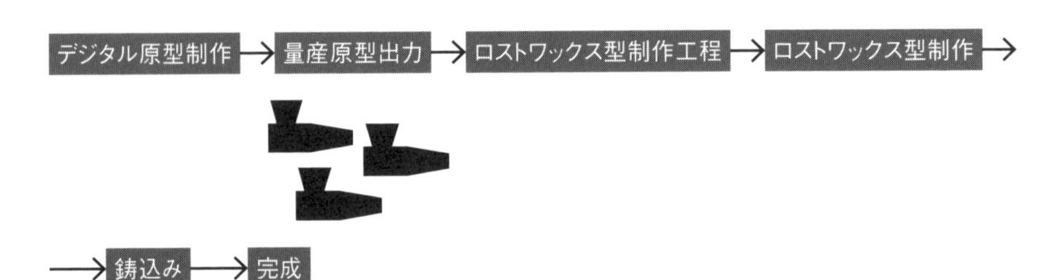

図9-30 ロストワックス鋳造法への液槽光重合法の適用

従来のロストワックス鋳造法では、まず、切削加工等で作った原型から量産用原型の金型を起こして量産用原型を作り、それをロストワックスに置換しています。

量産用原型の精度は金型の精度に依存することから、オリジナルの原型の精度に比べてわずかに劣ることがありましたが、液槽光重合法では、1つのデータから同じ精度の複製品を同時に複数個造形できるので、原型と同じ精度の量産用原型を楽に得ることができます。（造形領域の大きさにもよります。）

液槽光重合法でロストワックス鋳造法に使用する量産用原型を造形する場合、使用するレジンはキャスタブルレジンです。最近では、メーカーの努力もあり、焼却時に残渣の少ないものが開発されています。

② メリット

・量産用金型を必要としない

従来のロストワックス鋳造法では原型を基に金型を作成し、その金型でワックス（ロウ）でできた量産用原型を複数製作するので、手間と金型費用がかかります。しかし3Dプリンタを用いれば、量産用原型の金型を製作する必要がなくなり、手間を省いてコストを抑えられます。

・金型を維持、保管する必要がない

少数の鋳造品を定期的に生産する場合、量産用原型の金型を保管維持していく必要があります。しかし、原型の３Ｄデータと3Dプリンタがあれば、必要な時に量産用原型を作ることができるので、量産用原型の金型を保管する必要がなくなり、保管場所や維持費用が削減できます。

また、鋳造の生産数が少ない場合は、金型ではなくシリコーンゴムで原型を型取りします。そのシリコーンゴム製の型にワックスを注湯することで、量産用原型の製作も行われています。しかし、シリコーンゴム製の型は複製を複数回繰り返すと劣化するので、しばしば型を作り替える必要が出てきます。その点、３Ｄプリンタでは直接量産用原型を出力するので、こういった手間を省くことができます。

このように、ロストワックス鋳造法に液槽光重合法の３Ｄプリンタを利用することで、従来のロストワックス鋳造法よりも工程を省略化するとともに、金型製作費、維持費等がいらなくなることから、工程全体におけるコスト低減が可能となります。

第10章

短納期の救世主！「AM技術 2」

前章ではAM技術のうち材料押出（熱溶解積層）法と液槽光重合（光造形）法について説明した。本章では、金属造形が可能な粉末床溶融結合法について説明する。

10-1 設計目線で見る粉末床溶融結合法

第10章 | 1

設計目線で見る粉末床溶融結合法

粉末床溶融結合法とは

金属や樹脂の粉末を溶融させ、冷却固化させて積層することで所望の形状を作り上げていくAM技術の1つである。

粉末床溶融結合方法は、樹脂あるいは金属の粉末材料を溶融固化させて、それを積み上げていくことで造形物を得る方法です。金属粉末材料には、マルエージング鋼、ステンレス鋼（SUS316、SUS630）、ニッケル合金（インコネル）、チタン、チタン合金、アルミニウム、アルミニウム合金、コバルトクロムモリブデン鋼があります。樹脂粉末材料では、ポリアミド（PA）、ポリプロピレン（PP）、ポリスチレン（PS）、ポリエーテルエーテルケトン（PEEK）があります。

それでは、粉末床溶融結合法の基礎知識を確認していきましょう。

1. 粉末床溶融結合法の基礎
2. 粉末床溶融結合法の造形姿勢
3. 粉末床溶融結合法の利用例

1. 粉末床溶融結合法の基礎

粉末床溶融結合法の原理を示します（図10-1）。

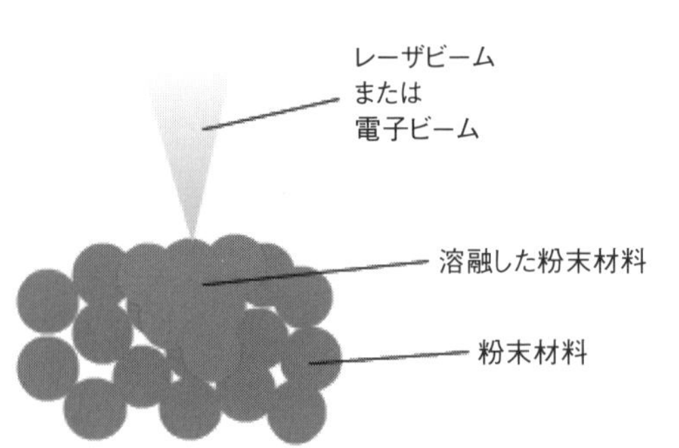

図10-1 粉末溶融結合法の原理

粉末材料を溶融させる手段は、レーザビームと電子ビームがあります。レーザビームは、ファイバレーザまたはYbレーザが使用可能です。

レーザビームを使用する場合には、粉末材料が溶融した際に酸化しないように、アルゴン等の不活性ガスの中で造形を行わなければなりません。

電子ビームの場合は、レーザより高出力の高速造形が可能ですが、造形環境を真空にする必要があり、大掛かりな装置が必要となります。

レーザビームによる粉末床溶融結合法の、具体的な造形プロセスを説明します（**図10-2**）。

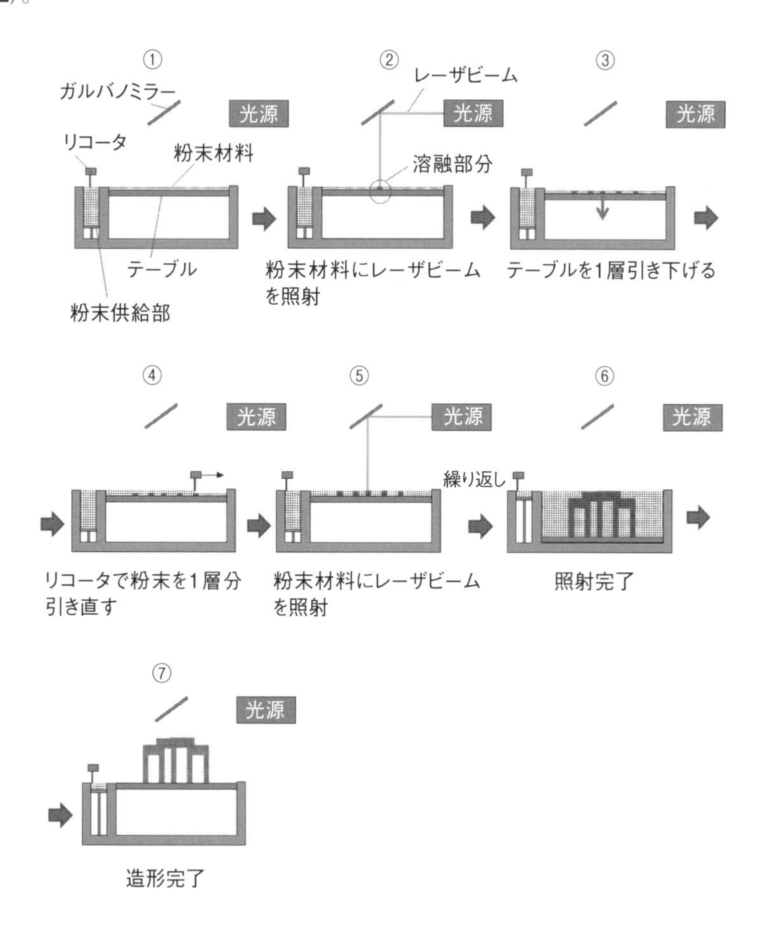

図10-2 粉末床溶融結合法の造形プロセス

① テーブル上に粉末材料をリコータを使って敷き詰めます。
② テーブル上に敷き詰めた粉末材料に光源からレーザビームを任意の個所に照射して溶融させます。
③ 溶融した粉末材料が冷却固化した後、テーブルを敷き詰めた粉末材料1層分引き下げます。
④ リコータを使って、粉末材料を再度テーブル上に敷き詰めます。

⑤ 敷き詰めた粉末材料に再度光源からレーザビームを任意の個所に照射して溶融させます。
⑥ ①から⑥の工程を繰り返し、最後のレーザビームの照射を完了させます。
⑦ テーブルを引き上げて、造形物周辺の粉末材料を除去し、造形物を取り出すことで造形が完了します。

金属粉末を用いて粉末床溶融結合法を活用した造形物（ランプシェード）の例を示します（**図10-3**）。

図10-3 粉末床溶融結合法の造形物の例1（写真提供：伊福精密株式会社）

ランプシェードの厚さは0.5mmで網目状に形成されています。しかも、複雑な編み目形状だけでなく、複雑な凹凸形状も有しています。これを従来の切削加工で加工しようとしたら、形状そのものの加工は5軸制御加工機であれば可能かもしれません。しかし厚みが0.5mmしかないこと、加えて編み目形状であるので、切削加工で臨むには現実味がない製品です。

また、3Dプリンタではオーバーハング部分を支えるサポート部が必要になりますが、このような厚みの薄い造形物でサポートを付けて造形すると、後処理の工程で造形物からサポートを切り離す際に、造形物が破損する恐れがあります。しかしこのランプシェードは、造形条件と造形姿勢を工夫することでサポートレスでの造形を実現しています。その結果、非常に繊細な造形が可能となりました。

金属粉末を用いた粉末床溶融結合法を活用した別の造形物（お猪口）の例を示します（**図10-4**）。

図10-4 粉末床溶融結合法の造形物の例2（写真提供：伊福精密株式会社）

このお猪口は、液体を入れる容器部分と、その周囲に容器部分と間隔をおいて形成された格子形状部分との2層から構成されています。

従来の切削加工技術では、5軸加工機を駆使したとしても、容器部分と格子形状部分との間に切削用の工具が届かないとか工具が入らないなどの理由から、まず加工できません。また、ランプシェードの編み目形状やお猪口の格子部分のような形状は、型から取り外すのが困難であるため、鋳物やダイカストでも簡単に作ることができません。

このような構造は、Z軸方向に1層ずつ材料を積層していくAM技術でしか実現できない構造です。加えて、従来の加工技術ではできないような意匠性の高い製品を作り出すことが可能です。

このように、3Dプリンタを駆使することで、従来の加工方法では実現できなかった形状が実現可能となります。例えば、ランプシェードは、造形時間が約数百時間かかっており、コストも数百万円掛かります。しかし、3Dプリンタは、世界でオンリーワンの製品を作ることができ、“ものづくり”の考え方そのものを根底から変える可能性を秘めた技術です。

2. 粉末床溶融結合法の造形姿勢

粉末床溶融結合法において造形する上で気をつけることは、造形姿勢です。造形姿勢は、造形精度（形状の精度）と加工時間、ひいてはコストに影響するからです。

造形物と造形姿勢の関係について示します（図10-5）。

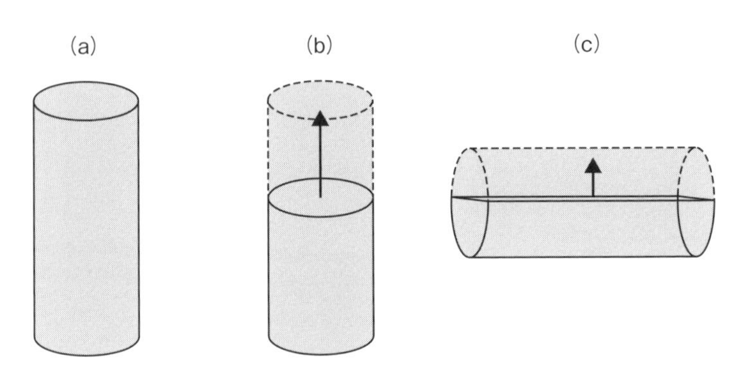

図10-5 造形物と造形姿勢の関係

円筒部材（a）を粉末床溶融結合法において造形する際、好ましい造形姿勢は円筒部材の高さ方向に造形する姿勢(b)か、または円筒部材を横倒しして円筒部材の径方向に造形していく姿勢(c)のどちらでしょうか？

円筒部材の高さ方向に造形する姿勢はメリットとして真円度を得やすいですが、デメリットとして積層回数が増えるので、造形時間が増大し、コストが増加します。一方で円筒部材の径方向に造形していく姿勢は、メリットとして高さ方向に対して径方向の方が小さいので積層回数が減り、造形時間が短くなり、コストが下がります。しかし円筒部材を横倒しにすると、重力の影響を受けることで円が潰れてしまい、真円度（形状の精度）が悪化します。したがって、どの造形姿勢もメリットとデメリットがあることがわかります。

好ましい造形姿勢の例を示します（**図10-6**）。

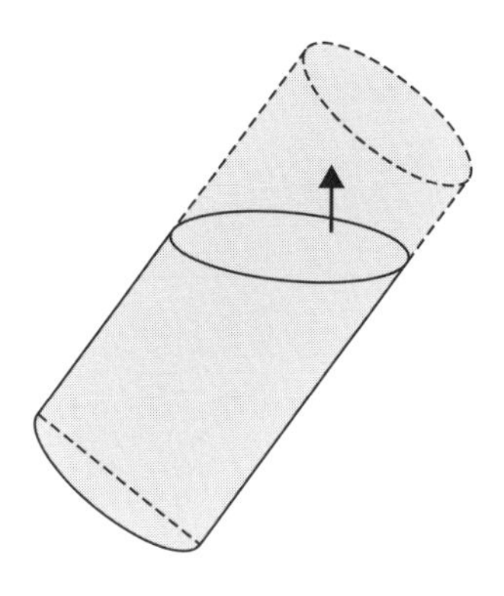

図10-6 好ましい造形姿勢

好ましい造形姿勢は造形物を傾斜させた姿勢です。

円筒部材を高さ方向に対して傾斜させて造形することで、造形時間と造形精度（形状の精度）の両立を図ることができます。傾斜角度をどの程度に設定するかは必要とされる造形精度と造形時間（コスト）により決定する必要があります。

次に、別の造形物の形状と造形姿勢について説明します。
造形物の断面積と造形姿勢の関係を示します（**図10-7**）。

造形物の断面積が上方に向けて減少する姿勢（a）と、造形物の断面積が上方に向けて増加する姿勢(b)とでは、どちらがよいでしょうか。

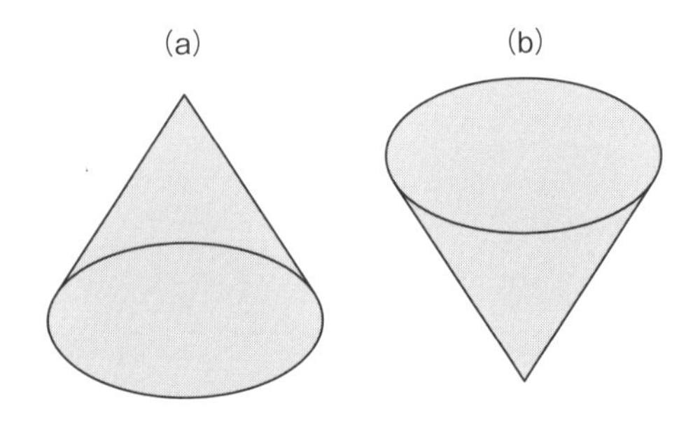

図10-7 造形物の断面積と造形姿勢の関係

好ましい造形姿勢は造形物の断面積が上方に向けて減少する姿勢(a)の方です。
造形姿勢と熱の関係を示します（**図10-8**）。

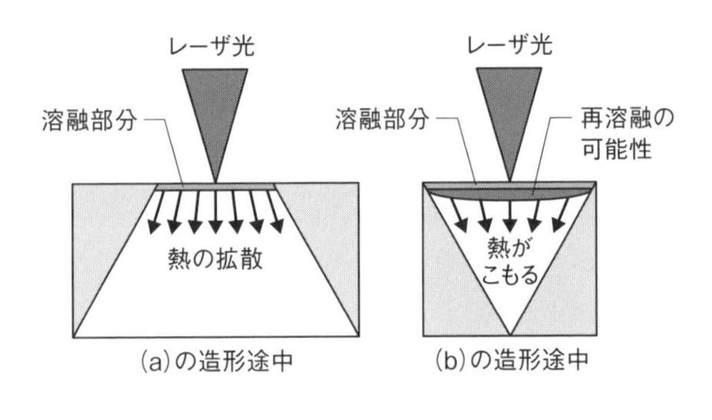

図10-8 造形姿勢と熱の関係

（b）のように下側の断面積が上側の断面積よりも小さいと、高エネルギービームで材料を溶融させた際に上側の熱の影響を受けやすく、場合によっては造形完了した下側の部分が再溶融し、形状が崩れるおそれがあります。

その点、(a）の姿勢では、上側の断面積よりも下側の断面積の方が大きく、溶融部分の熱が下側の断面積の大きい部分に拡散して逃げてくれるので、形状が崩れるおそれが小さくなります。そのため、積層部分の熱をうまく拡散させる形状および造形姿勢を意識する必要があります。

粉末を積層させる際は、
常に下側に熱が拡散していく
ような造形姿勢にすると造形精度
が崩れにくくて好ましいんだ！

3. 粉末床溶融結合法の利用例

金属粉末を使用した、粉末床溶融結合法の利用例を紹介します。

粉末床溶融結合法により金属粉末を積層して造形した金型を示します（**図10-9**）。

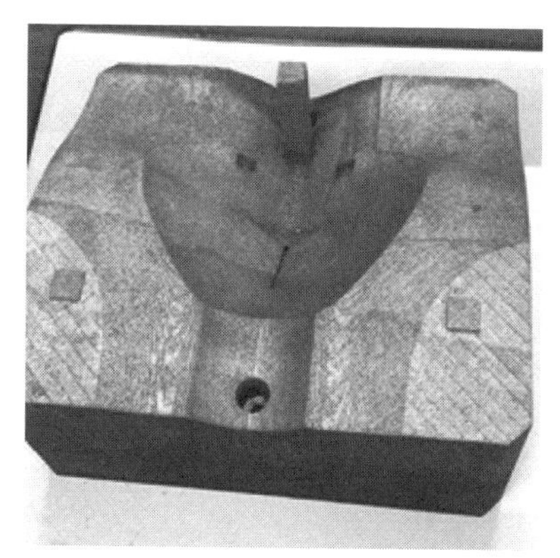

図10-9 粉末床溶融結合法により造形した金型

粉末床溶融結合法で造形した金型の内部構造を示します（**図10-10**）。

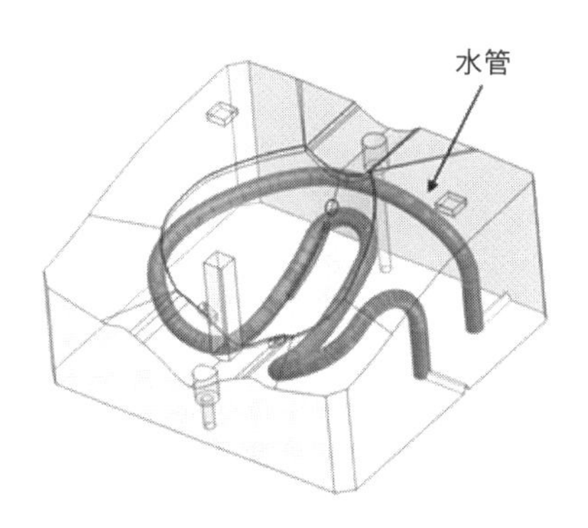

図10-10 粉末床溶融結合法により造形した金型の内部構造

この金型の内部には複雑な経路の水管が形成されています。従来の切削加工や型彫り放電加工では、使用する工具の形状や加工パスの制限があり、直線的で単純な水管しか形成できませんでした。そのため、水管周辺と水管から遠い部位とでは冷却性に差が生じてしまい、金型内には熱ムラが生じます。そのため、この金型から成型品を安定して離型するには、複数の押し出しピンが必要で、金型の構造も複雑になりコストも増加していました。

その点、粉末床溶融結合法では、金型内部に複雑な3次元経路を有する水管を形成することができるため、金型のキャビティ表面を均一に冷却することができ、成型品の金型からの離型性を高めることができるのです。

～加工知識の引き出しをたくさん持つということ～

この先どれだけ時代が移り変わっても、日本経済を支える屋台骨が第二次産業、特に「製造業」であることは変わらないでしょう。それは「製造業」が、多額の設備投資をして原材料やエネルギーを大量に「消費」しながらも、大量に「生産」を行い消費を促す、国内経済の循環を担う産業だからです。この基幹産業に関わる人々の裾野はとても広いうえに、製造業とそれに携わる人達は「生産者」でありまた「消費者」なのです。

小売を行う第三次産業は、「消費者」と「生産物」が揃わなければ成り立ちませんから、したがって製造業（第二次産業）がもっとも経済への波及効果が大きい産業ということがおわかりになるでしょう。だからこそ、現在この業界に身を置く従事者は、後世のために自身の知見と技能を惜しみなく提供しながら、それらを目に見える知的財産として残すことが求められます。

製造業の表舞台とは別のところでは、仕事としてモノづくりに携わった経験のない個人が、本格的かつ実用的なモノづくりをDIYする「パーソナルファブリケーション」が定着しつつあります。パーソナルファブリケーションでは、個人が設計から製作まで1人で手を汚して作業することがほとんどであることから、本職並の技能や多種多様な加工知識を有されていることもあり、これは潜在的な技能者と言い換えてもよいでしょう。そうした人材が顕在化することは、長年「ニッポンのモノづくり」を生業にしてきた設計製造のプロにとっては刺激であるし、喜ばしいことだと考えてよさそうです。

DIYは設計から製作まで個人が自己責任で行いますから、途中でなにかしらの問題が起きても、自分さえ納得できれば変更や修正は自由にできます。対して産業用では、1つの製品製造に複数の加工会社が関わることが多いため、製造プロセスの中間で「こんな形状では加工できない」とか「公差が厳しすぎて歩留まりが悪くなかなか合格品があがりません」などの問題が生じると、スケジュール通りに製品を市場に売り出せなくなってしまいます。もちろん、あらかじめ何事も起きないような設計をすればよいのですが、事件はいつも加工現場で起きるのです。ただ、「怪我の功名」と言いますか「瓢箪から駒」と言いますか、トラブルによって現場から「形状設計のヒント」をもらえるケースもあり、加工現場には机上の学習では得られないお宝情報がいっぱい詰まっているのです。

ここで改めて考えてみましょう。1つの装置を作るための部品は、ブロック形状、円筒形状、金属を折り曲げたもの…などと、実にさまざまです。形がさまざまということは加工方法もさまざまなのですから、部品を製作する工作機械の知識と加工の知識を持ち、その中から目的に合った加工方法を見極めるのは、本来は設計者の努めであり、必要なスキルです。ただ、知識はあってもそれが「切削加工一筋！」みたいな偏ったものでは、早々に限界を感じてしまうでしょう。だから、加工技術に関しては常にアンテナを張り、視野を広げることを意識してください。

加工の世界でも設計と同じく、「最適解」はあっても「正解」はありません。ですから、発想力を養って加工の選択肢を得るため、また、ピンチを切り抜けるための知識を得るためにも、実際にさまざまな加工現場を一通り見てまわり、各種加工の仕組みとそれぞれのメリット・デメリットを知って胸に落としておくことを心がけてください。そして機会があれば、技術指導を受けながら自分の手で材料を加工してみると、なおよいでしょう。そうして現場を知り、加工を知り、視野を広げて引き出しを増やしていくことは、やがて大きな強みになります。皆さんが1つでも多くの引き出しを持てるよう、そしてそれを実務で発揮できることを願っています。

●監修者紹介

山田 学（やまだ まなぶ）

1963年生まれ。兵庫県出身。技術士（機械部門）

(株)ラブノーツ　代表取締役。 機械設計などに関する基礎技術力向上支援のため書籍執筆や企業内研修、セミナー講師などを行っている。

著書に、『図面って、どない描くねん！』『めっちゃメカメカ！基本要素形状の設計』（日刊工業新聞社刊）などがある。

●著者紹介

藤崎 淳子（ふじさき じゅんこ）

長野県在住。Material工房・テクノフレキス　代表。

工作機械・工具商社の営業職を経て、樹脂材料・部品加工、プレス金型、基板実装その他複数の業種の製造現場に関わり続け、ものづくりの知識を蓄えながら作る立場と設計の立場を兼ねるようになる。主に、電子部品メーカーの生産現場をサポートする治具や装置等の受注設計製作を手がけ、現場打ち合わせから最後の納品まで一人で行う。その傍らで3D設計ツール、加工法、製図基礎の講師とWEB上での技術コラムの執筆を行っている。

今井 誠（いまい まこと）

東京都在住。やなか技術士事務所　代表。技術士（機械部門）。

精密機器メーカー、精密加工部品メーカーの研究開発、加工開発、機械設計を経て、都内特許事務所にて知財業務に携わる。2020年にやなか技術士事務所を設立する。主に機械設計、加工方法、3Dプリンタ、PL法に関する講演や社内外の研修講師に従事している。

めっちゃ使える！
設計目線で見る「部品加工の基礎知識」
形状、精度、コストのバランスが良い機械部品設計のために

NDC 532

2022年 5月26日　初版1刷発行
2024年 9月30日　初版4刷発行

監修者　山田 学
©著　者　藤崎 淳子・今井 誠
発行者　井水 治博
発行所　日刊工業新聞社
東京都中央区日本橋小網町14番1号
（郵便番号103-8548）
書籍編集部　電話03-5644-7490
販売・管理部　電話03-5644-7403
FAX03-5644-7400
URL　https://pub.nikkan.co.jp/
e-mail　info_shuppan@nikkan.tech
振替口座 00190-2-186076
本文デザイン・DTP——志岐デザイン事務所（矢野貴文）
本文イラスト——小島サエキチ
印刷——新日本印刷

定価はカバーに表示してあります
落丁・乱丁本はお取り替えいたします。
2022 Printed in Japan
ISBN 978-4-526-08212-2　C3053